刻意练习·自我成长书系

致 读 者

正式阅读本书前请扫码登录

本书专属的读者交流小程序

助你坚持练习、实现自我成长！

扫 码 登 录

这个小程序可以用于**打卡并记录**你的练习过程，

如果你在练习中遇到以下情景，也可以在小程序里**发帖交流**：

1. 遇到任何疑问，想和正在做相同练习的朋友探讨；

2. 想到任何建议和练习小技巧，想分享给同伴，帮助他们更好地练习；

3. 发现任何感悟、收获和成长，想将这份喜悦分享给同伴，得到他们的鼓励；

···········

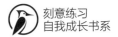
达成目标的
16项刻意练习

The Motivational
Interviewing Workbook

Exercises to Decide What You Want and
How to Get There

Angela Wood
[美] 安吉拉·伍德 _____ 著 杨宁 _____ 译

机械工业出版社
CHINA MACHINE PRESS

图书在版编目（CIP）数据

达成目标的 16 项刻意练习 /（美）安吉拉·伍德（Angela Wood）著；杨宁译 . —北京：机械工业出版社，2023.10

（刻意练习. 自我成长书系）

书名原文：The Motivational Interviewing Workbook: Exercises to Decide What You Want and How to Get There

ISBN 978-7-111-73792-6

I. ①达… II. ①安… ②杨… III. ①成功心理 – 通俗读物 IV. ① B848.4-49

中国国家版本馆 CIP 数据核字（2023）第 176172 号

机械工业出版社（北京市百万庄大街 22 号　邮政编码 100037）

策划编辑：邹慧颖　　　　　　责任编辑：邹慧颖
责任校对：龚思文　彭 箫　责任印制：张 博
北京联兴盛业印刷股份有限公司印刷
2024 年 1 月第 1 版第 1 次印刷
170mm × 220mm · 14.25 印张 · 2 插页 · 155 千字
标准书号：ISBN 978-7-111-73792-6
定价：79.00 元

电话服务　　　　　　　　网络服务
客服电话：010-88361066　机 工 官 网：www.cmpbook.com
　　　　　010-88379833　机 工 官 博：weibo.com/cmp1952
　　　　　010-68326294　金 书 网：www.golden-book.com
封底无防伪标均为盗版　机工教育服务网：www.cmpedu.com

为什么你需要这套
"刻意练习·自我成长书系"

人工智能时代，我们越发需要通过刻意练习来升级自身的技能和能力。

无论是学习"硬技能"，如学英语、学开车、学财会、学设计，
还是提升"软能力"，如沟通能力、情绪调节能力、自我管理能力，
当你想要在某个领域内有所提升，却不知道该如何着手时，
或许报名一个正式课程或者寻找一位资深老师是很好的选择，
因为两者都会提供一套循序渐进的体系以及手把手的指导和反馈。

但是，如果你不想承担课程费用、没时间上课，或者更喜欢自己探索，
那么这套"刻意练习·自我成长书系"就是为你准备的！
这套图书精选各类个人成长主题，形成专项练习手册，
让你在家中就可以实现自我成长和提升！

每本书的作者都是相关领域的资深助人专家，如心理咨询师、社会工作者、
教练等。
这些书就是他们为你精心开发的系统课程，提供了种类丰富的结构化练习
项目。
所有练习的原理均源自科学研究，已被证明其有效性。

就个人成长与发展而言，这些练习手册是绝佳工具。
手册中的每个练习都有详细讲解，包括练习的目的、准备工作、注意事项、

范例等。

每本手册都像一位贴心的老师，手把手带着你练习，让你一步步成为更好的自己。

运用手册中的工具及资源，你能立刻将所读所学转化为行动，做出改变。

这些练习手册使用起来非常灵活，

你既可以有针对性地开展部分练习，以解决眼前急迫的问题，

也可以在一段时间内循序做完全部练习，以系统性地提升某项能力。

最后，你可能会担心图书无法提供即时的指导和反馈。

好消息是，关于学习的科学研究给出这样的结论：

找到学习共同体，向同伴学习，与同伴一起进步，是最有效的学习方法之一。

因此，我们为这套书开发了同伴交流小程序——"刻意练习实验室"。

你会遇到一群有共同目标、做过或者正在做相同练习的朋友，

大家可以在小程序里分享练习感受、彼此激励，一同向着更好的自己迈进。

现在，请继续探索这本书，开始你的刻意练习与自我成长之旅吧！

献 给

我的丈夫、女儿、动机访谈培训师网（MINT）的同人们，
以及我所有杰出的社工朋友和同事们。

目　　录

你为什么需要这本书

第一步 确认目标

第 1 项练习

确认你的目标

1.1：我在担心什么　/ 24

1.2：为你的担忧打分　/ 25

1.3：终极目标　/ 26

1.4：我该在哪些方面努力　/ 27

1.5：描述差距　/ 28

1.6：确认你的目标　/ 29

1.7：缩小你的目标　/ 30

1.8：采取行动到底有多重要　/ 31

第 2 项练习

权衡改变的利与弊

2.1：改变的利与弊（身体健康层面）/ 33

2.2：改变的利与弊（情绪层面） / 35

2.3：改变的利与弊（社交层面） / 37

2.4：改变的利与弊（心灵层面） / 39

2.5：改变的利与弊（金钱层面） / 41

2.6：总结利与弊 / 43

第 3 项练习

发现内部拦路虎

3.1：内部障碍（脑海里的那个声音） / 45

3.2：内部障碍（态度检查） / 47

3.3：内部障碍（行为检查） / 48

3.4：内部障碍（情绪检查） / 50

3.5：内部障碍（知识） / 51

第 4 项练习

发现外部拦路虎

4.1：外部障碍（财务 / 经济层面） / 53

4.2：外部障碍（社交网络层面） / 54

4.3：外部障碍（社会障碍） / 55

4.4：外部障碍（社会和文化层面） / 56

4.5：外部障碍（环境压力源） / 57

4.6：外部障碍（法律和规范层面）/58

4.7：外部障碍（媒体及其他）/59

第 5 项练习

解决矛盾心理，果断做出决定

5.1：识别自己的矛盾心理　/61

5.2：处理矛盾心理（不健康的想法）/62

5.3：处理矛盾心理（情绪层面）/63

5.4：处理矛盾心理（外部障碍层面）/65

5.5：果断地思考　/67

5.6：果断做决定　/68

5.7：探索价值观　/70

5.8：明确你的价值观　/72

第 6 项练习

向过去学习，朝未来迈进

6.1：规则总有例外时　/75

6.2：过去的一次成功经历　/76

6.3：从过去学习　/77

6.4：聚焦终极目标与原因　/78

6.5：前进的方法　/79

6.6：迈出第一步　/81

第二步

强化动机

第 7 项练习

评估目标的重要性和你的自信心

7.1：给"重要"下定义 / 93

7.2：重要性衡量表 / 94

7.3：为你的目标打分 / 95

7.4：向着变化再迈一步 / 96

7.5：对后续方法的重要性做出评估 / 97

7.6：设定你的上限和下限 / 98

7.7：给"自信心"下定义 / 99

7.8：创建你的"自信心衡量表" / 100

7.9：为你的自信心打分 / 101

7.10：向着变化再迈进一步 / 102

7.11：评估你对后续方法的自信心 / 103

7.12：重要性 × 自信心 / 104

第 8 项练习

找到自信心和希望

8.1：构建你的自信心：自信心谈话 / 106

8.2：过去的成功 / 107

8.3：找到希望 / 108

8.4：找到启迪 / 109

8.5：再思价值观 / 110

8.6：价值观冲突 / 111

第 9 项练习

构建你的优势力量

9.1：你已万事俱备　/113

9.2：他们能看见你的优势力量　/115

9.3：建立你的优势力量　/116

9.4：如何应对压力　/117

9.5：识别你的压力类型　/119

9.6：我的压力有多大　/120

9.7：应对策略　/122

9.8：正念　/124

9.9：成长型思维模式　/126

9.10：自我肯定　/128

第 10 项练习

调动潜在资源的支持

10.1：财务和经济来源　/130

10.2：社会支持和社交能力　/131

10.3：家人的力量　/133

10.4：时间管理和个人建构　/135

10.5：社会资源和文化资源　/137

10.6：环境和情境的支持和资源　/138

10.7：资源的拓展　/139

第 11 项练习

展望和感知改变，确定任务优先级

11.1：展望你的改变　/141

11.2：现实的改变　/142

11.3：感知部分的改变　/143

11.4：优先序列　/144

11.5：改变也有优先序列　/145

第三步 建立行动计划

第 12 项练习

量化目标和任务

12.1：现在，你在哪儿　/159

12.2：做好准备　/160

12.3：让你的目标可量化　/161

12.4：明确迈向目标的步骤　/163

12.5：为你的目标建立目标任务　/165

第 13 项练习

给自己一些奖励

13.1：奖励是改变的诱因　/168

13.2：奖励和"实物"　/169

13.3：来自你所看重之人的奖励 　/ 170

13.4：奖励：事件和活动 　/ 171

13.5：缩小奖励的范围 　/ 173

第 14 项练习

帮助你坚持目标的一些方法

14.1：有条不紊 　/ 175

14.2：每天探索积极信息 　/ 176

14.3：终极愿景和根本原因 　/ 177

14.4：掌控 　/ 178

14.5：从小事开始 　/ 179

14.6：保持一致 　/ 180

14.7：支持体系立规矩 　/ 183

14.8：社会体系定边界 　/ 184

14.9：找到志同道合的社团 　/ 185

第 15 项练习

回顾与总结

15.1：结果可视化 　/ 187

15.2：有益的理念 　/ 189

15.3：自我观察 　/ 190

15.4：机遇前的障碍　/191

15.5：变身计划　/194

15.6：监控前进的每一步　/197

第 16 项练习

应对挫折，调整计划

16.1：应对挫折：重新承诺　/200

16.2：应对挫折：检查你的压力指数　/201

16.3：应对挫折：自我关爱　/203

16.4：改变你的计划　/205

最后的话　/206

参考文献　/208

致谢　/209

你为什么需要这本书

为了实现具体的目标而改变我们的行为，这个过程既像爬山，又像翻越一个乱石堆。不过如果你正在看这本书，那十有八九感觉是在爬山。不管促使你做出决定的原因，是来自所爱之人的担心，还是想改换人生的自身意愿，都可以通过动机访谈（motivational interview）这种方式，来帮助你厘清自己的目标，进行全面的考虑，然后朝着改变的方向迈进。

本书讲的便是为实现改变而需采取的步骤。它将帮助你确立动机，明确达成目标所需付出的承诺，并帮助你掌控整个改变的过程。在为达成目标而努力改变行为的过程中，你可以随时回到书中寻求帮助。第一次阅读时，我鼓励你按照书中的顺序做起，一步一步地进行。等到你参照第三步建立起自己的行动计划时，无论你对于动机产生何种纠结，都可以随时重返书中的任意步骤寻求帮助。

我何德何能，凭什么写出一本关于动机的书呢？这一点我可以肯定地告诉你，我并没有什么特殊的本领。和很多人一样，我也会为改变而挣扎。我有点超重,做事总是拖延,还总是健忘。青春期的女儿在班上遇到一些粗鲁、麻木不仁的同学,我有时也不知道怎样帮助她应对。但是关于如何运用"动机访谈"这种方法,我却是非常有经验的。1997年以来,我一直是一名执业临床社会工作者,曾在成瘾问题、家庭保护服务、青少年/刑事司法和心理健康等多个领域工作过。2003年,正在攻读社会工作博士学位的我,第一次接受动机访谈培训,便立即被其引导人们做出改变的方式所吸引。我的目的不是告诉人们应该做什么,相反,我会帮助他们弄清楚自己想要什么。

借助这一方法,我为包括青少年司法系统工作人员、教师甚至健康教练在内的各个领域的人们带来了培训,随后我决定进修,向"动机访谈培训师网"(Motivational Interviewing Network of Trainers,MINT)这一国际性组织发出申请。2016年,经过一系列严格的申请流程,我获得批准,开始学习成为一名动机访谈培训师。从那时起,我已经组织了超过60个与动机访谈相关的工作坊。我非常乐意将这些年来经历、培训和学习所得的洞见与策略,分享给大家。

那就让我们开始吧。

动机访谈：助你达成目标的新方法

你即将踏上一段旅程。无论你正考虑（或别人希望你）做出什么样的改变，本书都将帮助你弄清楚这几个要素——**是什么，为什么**，以及**怎么做**。许多人通常都是从"做，还是不做"的角度去思考改变，但这并不全对。这里所涉及的并不仅仅是下定决心，或者掌握足够的信息和知识。这个过程更像是一场马拉松，而不是一次短跑冲刺。本书将帮助你换一个角度去思考**动机**，并引导你从**不想做出改变**，到**思考做出改变**，再到**为改变制订计划**。

什么是动机访谈

按照动机访谈的创始人、心理学家威廉·米勒（William Miller）和斯蒂芬·罗尔尼克（Stephen Rollnick）的观点，动机访谈是一种"协作式的谈话风格，旨在强化人们自身对改变的动机和决心"。使用这种方法的，除了咨询师、辅导顾问、心理学家和临床社会工作者之外，许多医疗保健供应方、儿童福利工作者、健康教练甚至教师和一线的照护工作者，也会在各种不同的临床、教育和社会服务场合下加以实践。米勒和罗尔尼克最早在 20 世纪 80 年代提出这一方法时，主要是为了以一种非对抗的形式来应对酗酒问题，这最终促成了 1991 年《动机访谈：为改变成瘾行为做准备》（*Motivational Interviewing: Preparing People to Change Addictive Behavior*）一书的首版问世。他们很快发现，动机访谈不仅能帮助那些饱受酗酒困扰的人，而且对于各种缺乏行为改变动机的人也同样有效。2013 年，米勒和罗尔尼克以《动机式访谈法：改变从激发内心开始》（*Motivational Interviewing: Helping People Change*）为名推出了他们的书的第三版。书名的改变，反映了动机访谈为一系列更广泛的挑战和目标提供了更宽广的路径。

本书不仅会帮助你理解自己的动机，还将提供许多策略来帮助你增强改变的动机。人的动机是非常复杂的。要想做出改变，就必须**有意愿、有能力**并且**做好准备**。建立意愿是第一步。当你意识到有些东西必须改变时，也就意味着你**愿意**秉持开放的心态去换一套行事风格。接下来就是要对自己做出改变的**能力**建立信心。改变总是困难的，你必须相信自己有这个本事。准备工作包括要树立起一种紧迫感，懂得事有轻重缓急。这通常是准备就绪前的最后一步。我们经常说某人"只是没做好准备而已"，这并不意味着他们没有动机，或者拒绝接受现实，可能只是他们对重要性的认识不足而已。我们看看下面这个例子：

> 布莱德很久之前就知道，他的消费习惯正逐渐给自己招来麻烦。他从来不做月度预算，所以也从来不会为一些大的开销省钱，出去吃饭也从不看价钱，想要什么东西，就会刷信用卡来买。多年来，他的三张信用卡都是靠最低还款来维持的，因此布莱德没有任何积蓄，是个彻底的"月光族"，完全靠薪水度日。看到自己这种行为的代价，布莱德意识到了一个问题——他**愿意**考虑换一种方式来处理自己的财务问题。破产危机当前，布莱德感到自己有必要解决这个问题，并且确立一个目标来让自己的财务状况回到正轨。他放下自己的面子，加入了一个财务规划学习小组，这让他感到自己更**有能力**去解决这个财务危机。有了一点信心之后，布莱德认为自己已经**做好准备**，让财务

预算重回正轨了。他采取了学习小组练习册中的步骤，为自己的目标制订了一个计划。

布莱德做好了预算，并且每个月都严格加以执行，渐渐地，他的债务不断减少，自信心不断增强。这个过程并不容易，而且期间也犯过一些错误，但他每次都能回到正轨，并找到一些方法来让自己始终控制好钱袋子，特别是当他终于决定结婚时。

动机访谈：怎样帮助你

动机访谈并不主张通过胁迫、劝说或贿赂的形式来让人做出改变，而是主张强化你自身对于改变的渴望、能力、原因和需求。动机访谈的过程能帮助你弄清楚到底想要改变生活的哪些方面，这种改变为什么可能，以及如何实现改变。

你有没有发现，我们把"如何实现"放到了最后？绝大多数情况下，我们都会先琢磨"如何实现"，还没下定决心改变，就急着想先解决问题。但是，如果能在采取行动之前，先彻底了解你的目标，以及自己追求这个目标的原因，那么你实现目标的可能将大大提升。

不相信吗？那就看看下面这个例子能否令你产生共鸣吧。你有没有过这样的经历——决定减肥，并立即告诉了一个朋友，然后朋友主动向你提供了各种减重建议，这些建议不仅让你感到难以承受，甚至有些令人沮丧。这种还没等完全下定决心，就试图搞清楚具体步骤的做法，通常会催生出一个你无法贯彻执行的计划。这就是为什么在寻求具体的计划之前，我们一定要先强化自身对于改变的渴望、能力、原因和需求，这一点非常重要。

动机访谈的咨询师们会使用很多开放式的问题，来帮助人们思考整个改变的过程（这类问题在本书中比比皆是）。你既可以独立使用本书，也可以和自己的咨询师一起使用，他们会通过额外的指导来帮助你更好地了解自己。由于其开放式答案的特点，某些问题看上去可能会似曾相识，但尽量不要跳过——你永远不知道哪个问题会给你带来突破。

帮你做决定

正在阅读本书的你，很可能此刻正犹豫着是否要做出某种改变。或许你已经跟亲密的朋友或家人讨论过这一潜在的改变。我们通常讨论的都是一些比较重要的决定，比如买车、买房、换工作，或者该选哪款空气炸锅。有效的决策过程，必须包括理解你的选择，并且明白这个选择可能给你造成的影响。如果不首先下定决心做出改变，那么改变是很难实现的。如果我们不拿出时间去做一番思考，那么改变更是无从谈起。动机访谈就是为了帮助你对自己的决定做一番彻底的思考，特别是当你面对不同选择下不了决心时。这就是一种犹豫心理。

人人都会犹豫不决

"犹豫不决"是一种文雅的说法，指的是你对某种情况所抱有的自相矛盾的心理，不确定到底该做什么，"既想做，又不做"。

⊛ 我想多做些晨练，但又想多睡会儿懒觉。

⊛ 我知道应该少吃点儿垃圾食品，但健康食品实在是无趣。

⊛ 我不能再这么总是怨天尤人了，但又似乎诸事不顺。

一个你已经意识到自己应该做出某些改变，但另一个你却依然积习难改，不管这些习惯让你感到多么不舒服。出现这种情况是正常的，世人皆会如此。

变还是不变？几个关于犹豫的故事

好消息是，能认识到这个问题，你就已经向着成功迈出了第一步。说到底，如果一件事情，你不觉得是个问题，又怎么会想去改变它呢？或许你的配偶认为这是个问题，或许你的医生、老板或者未成年的孩子希望你做出改变。如果你正对此犹豫不决，那说明在某种程度上，你的内心其实也希望改变，需要改变，也在思考改变能否发生，以及是否应该发生。

洛琳

85岁的寡妇洛琳生活在亚利桑那州的狐狸谷，她那两个已经成年的孩子都住得很远。生活在得克萨斯州的女儿希望洛琳住得离她近一点儿，以方便母女俩有更多的时间相处。洛琳觉得这个主意可行，而且她也想多见见自己唯一的孙辈。但是要离开生活了25年的家，洛琳不知道自己是否已做好心理准备。洛琳和已故的丈夫伯尼是在伯尼退休后搬到这个长者社区来的，在这个封闭式的社区里，他们搭建起了一个舒适的两居室的家。

自从三年前伯尼去世以来，洛琳便独自一人打理他们的房产，这让她感到不堪重负。但是这么多年来，狐狸谷就是她全部的世界。这里有她的医生、她的美发师、她最喜欢的商店，有她与人社交的保龄球馆和教堂。如果搬到得克萨斯州重新开始，那便意味着各种不便。

杰克

45岁的已婚男子杰克是当地一家化工厂的安全管理员。最近他参加了厂里组织的一次健康筛查，结果惊讶地发现自己血压非常高：高压150，低压100。给杰克测血压的护士说，他必须预约一个医疗服务机构去做检查，还得改变饮食习惯，并且至少要减掉25磅[⊖]的体重，才能让血压降到一个健康的范围内。

杰克怀着担心又惶恐的心情做完了检查。他一边开车，一边回想着和护士的对话，考虑着自己的处境。其实他早就注意到自己的体重在过去几年里一直不停攀升。他也曾是一个定期锻炼并且注重健康饮食的人，但是自从五年前女儿出生以来，他便再没有时间定期去健身房锻炼了。而且杰克最近升了职，更频繁地早出晚归。收入的增加对家庭来说是件好事，但是额外的加班和压力也加剧了他血压的飙升。工作日要频繁加班，休息日又要顾及家庭，以至于杰克根本没办法定期保持锻炼。或许可以吃得健康点儿，杰克想，但要挤时间去做规划和烹饪三餐，又是一个不小的挑战。

谢丽尔

谢丽尔是一名63岁的退休会计，每天都要抽掉一整包烟。自从20岁开始抽烟以来，43年了，谢丽尔曾无数次试图戒烟，包括使用尼古丁贴片、服用处方药以及减少抽烟量等，但是没一次坚持下来。孩子们小的时候，谢丽尔曾减少到一天抽五根烟，但等孩子们一上

⊖ 1磅 ≈ 0.4536 千克。

学，她便立即恢复了整包的量。

谢丽尔的医生每年都会鼓励她戒烟，而且她也知道，如果再继续这样抽下去，自己患上肺气肿甚至肺癌等严重疾病的风险将非常高。她知道，如果能成功戒烟，自己的状态会好很多。而且因为香烟很贵，戒烟还能帮她省下不少钱。但是，谢丽尔自成年以来就一直在抽烟，她压根儿不知道如果停下来自己该怎么办。压力大时抽烟，生气时抽烟，无聊时也抽烟。谢丽尔对自己失望至极，已经放弃了戒烟的打算。她正处在一个十字路口，不知道该往哪边走。这个决定太难了。

胡安

胡安今年 23 岁，是一名运动医学专业的大三学生。直到最近，胡安还计划着要考研究生院，攻读物理治疗专业的博士学位，但现在，他甚至不确定自己能否顺利拿到运动医学学位。自 18 岁上大学以来，胡安就一直兼顾着严苛的学业和繁忙的工作。他一直深以自己求学零负债为荣，虽然有几个学期他负担不起全日制学费。目前他在当地一家酒吧做夜班副经理，最近更是被老板提拔，任总经理一职。胡安不知道是应该继续完成学业，实现自己成为一名理疗师的梦想，还是应该接受总经理的职务。

一方面，胡安长久以来都梦想成为一名理疗师。小时候，一名理疗师曾帮助他中风的爷爷重新学会走路。从那时起，胡安就立志要传递爱心，帮助别人。过去的五年里，他一直非常努力，平均绩点

（GPA）达到了3.75。但另一方面，接受总经理一职，将令他的薪水翻倍，同时获得医疗保险和退休金计划。但是他觉得，如果接受这份工作，他可能永远都拿不到学位。要想拿到学士学位，胡安还有一年的课程要上，随后还要再读三年的研究生。他也知道从长远来看，当理疗师的收入将会更多，工作也更有保障。这实在是个相当重要的决定。

埃玛

　　埃玛和罗德尼同居三年了。他们俩都在当地的一家餐厅做着全职工作，都没有大学文凭，而且埃玛从来都不认为自己会成为哪个职业领域的成功人士。但是最近，她开始考虑是否要转行到医疗保健行业。餐厅周边开了好几家这一类的专科门诊。许多光顾餐厅的顾客都穿着手术服，埃玛问他们是做什么的，一位顾客告诉埃玛自己是一名办公室经理，而且他们现在需要招聘一些拥有资质的出单和编码专业技术人员。这位女士告诉埃玛，她只需花10个月的时间，就能通过一个线上培训项目获得资质证书。埃玛感谢了女士提供的信息，并表示她会好好考虑一下。

　　怀着对当服务员之外的另一份职业的向往，埃玛查询了一些培训项目，并把自己的想法告诉了罗德尼。罗德尼听了非常生气，质问埃玛为什么想要上学，打乱他们平静的生活。他对埃玛大加痛斥，扬言自己绝不允许埃玛去上任何学校，不管是线上还是线下。伤心的埃玛考虑了自己坚持考证的后果，但她又十分害怕罗德尼的反应，不知道自己能否勇敢地面对他。

动机访谈：帮你通盘考虑

本书并不想骗你做出某个特定的转变。生活中，你八成已经从别人那里感受到够多的压力了。决定权在你手中。不管你想做出什么样的改变，选择权将完全由你掌控。本书所提供的各种练习，只是为了帮助你全面考虑自己的选择，检视选择的理由，一旦选定，便帮助你开启整个过程。

动机访谈：我能自己完成吗

基本上是可以的。本书帮助你思考的问题，与一般心理治疗师可能会问的非常相似。但本书将帮助你下决心采取行动，这取决于你所需要的是做出决定，还是采取行动。它会帮助你思考改变的重要性。但是心理治疗师能够帮你认识得更深入一些，比如这种改变对你来说可能意味着什么，你的内在力量都有哪些，你的纠结在哪里，以及怎样才能实现目标。心理治疗师就像一面镜子，能帮助你更清楚地看清自己，更深入地了解自己。

我简单介绍了什么是动机访谈，以及它将如何帮你解决你的困境。本书并不能包治百病，但它会是一个好的开始。接下来的内容里，借助于认知行为学层面的一些策略和方法，动机访谈将凭借其精神内涵和概念的多面性，来指引你完成各种练习。本书的第一步将帮助你检视自己现在的处境，并开始探索一些可能的目标。

或许此刻，你已经知道自己生活中有哪些东西是需要改变的。或许你的心中已经有了一个具体的目标，但挣扎着难以实现。或许关于变化，你已经有了好多想法，但一想到从何处着手，却又感到沉重和不确定。本书的第一步将帮助你全面思考自己是否想改变，准确定位你想改变的具体内容，明确找出你的障碍在哪里，并深入发掘你想改变的真正原因。通过提炼自己的最终目标，你将发现哪些改变对你来说是最重要的，并且做好准备，满怀信心地去应对它们。学完这一部分后，你将收获一些必要的工具，它们会帮助你做出决定，厘清计划，改变的原因也将更加清晰。

第一步

确认目标

全面思考：我在想什么

就目前来说，你可能还没有建立起一个明确的改变方向。或许你对自己的身体健康、心理或情感状态、人际关系或总体的财务状况感到担心，或许上述每个方面你都已经在考虑做一些行为上的改变。但是，你很难搞清楚从哪里下手，而你的目标看上去又是那么遥不可及。你的挣扎，并不是因为你错了，也不是因为你愚蠢或者无能。下决心改变，所牵扯的并不只是一个简单的决定而已，它需要你做出很多决定。因为没能改变而自怨自艾是无济于事的。同样，来自亲朋挚爱、医生、老板或生活中其他人的压力，也不会对你起到任何的帮助作用。

实际上，来自别人的过度压力通常会起到反作用。他们越向我们施压，我们实现改变的可能性就越小。支持和鼓励不应该以胁迫和恐吓的形式出现，没人能逼迫你做出改变。讽刺的是，承认自己的处境，反而能让我们自由地去寻求改变。

我的目标是什么

建立目标非常重要。追求目标能给我们带来充实、满足和快乐的感觉，为我们的生活带来意义和价值。但是追求目标的过程并不容易，特别是当你的决心还不坚定的时候。为什么我们总是会挣扎呢？常见的原因包括：

✹ 我没有足够的时间。

✻ 过程太难了。

✻ 我害怕。

或许你的目标是吃得更健康，变得更有条理，或者少喝点儿酒。你的决定或许已经包含这些动作，但你始终没有下定决心去培养新的行为习惯。如果我们更深入地探讨一下**为什么**这一变化对你如此重要，将会发现一个意义更重大的目标。

举例来说，埃玛想追求新的事业，却没有得到男朋友的支持。当埃玛深入思考这个目标的重要性时，她意识到自己并不想在金钱上依赖罗德尼，因为两人一起挣的钱，却经常由罗德尼一人掌控。她之所以渴望重回校园，开启一项新的事业，部分是因为她的最终目的是变得更加自力更生。

我希望你也能更深入地挖掘自己对改变的渴望。花一些时间去想象一下，理想中的自己是什么样子的。如果轻挥魔杖就能瞬间解决你所有的问题和担忧，那么你的生活会是什么样子的？会有哪些不同？这就是你的"大方向"。把其中的一些想法写下来。稍后我们再回来详细分析。

阻碍目标的拦路虎

思考目标的同时，你也可以想一下，是什么在阻碍你实现自己的目标，这一点也非常重要。这些障碍有多种表现形式。有些是内在的，比如缺乏自信、缺乏知识或者紧急的事情扎堆，等等。有些则是外在的，比如缺乏支持、缺乏财力或者缺乏机会，等等。思考障碍的时候，千万不要灰心丧气，成功的转变总是在克服具体的障碍之后才会到来。

杰克　杰克是一名45岁的工厂工人，患有高血压。杰克知道自己需要减肥，得开始锻炼了，但他不知道如何在现有的生活方式基础上做出这些改变。他的外部障碍包括繁忙的工作和家庭的责任；内部障碍则是，杰克对于自己能否在不牺牲家庭时间的前提下坚持锻炼和规划饮食缺乏信心。

胡安　23岁的大学生兼酒保胡安，志向是当一名理疗师，但同时也在考虑是否应该接受成为总经理的升职机会，好赚更多的钱。他所面对的一个外部障碍是缺乏足够的资金支持来完成学业，内部障碍则是他对于自己能否拿到学位越来越缺乏希望和信心。相比做理疗师的梦想，胡安对于减轻经济和精神压力的渴望，变得越来越重要。

没有目标怎么办

杰克和胡安都有着非常重要的目标。杰克的总体目标是获得健康，胡安则是想当上一名理疗师。挡在他们面前的是各种障碍以及与梦想相左的一些义务，而且他们还有一系列的决定要做，包括怎样将大目标分解成一些容易管理的小目标。对这些目标的投入，才是至关重要的第一步。

但是从另一方面来说，如果这些目标不清晰，或者压根儿就不是你的目标，那么你将很难付出承诺并坚持下来。找到那个对你来说意义重大的目标是非常重要的。但即使你现在的目标尚不清晰，也不要担心。弄清自己的需求，本身就是这个过程的内容之一。这一步所提供的练习，将引导你探索各种潜在的可能，并不断缩小范围，直至你做出最后的决定。

为什么我会犹豫不决

所谓的"犹豫不决"，就是指同时怀有两种感受，例如："我很想改变，但是太难了 / 我没有时间 / 任何方法都不起作用。"心理学家管这叫"认知失调"（cognitive dissonance）。"认知"指的是思考，"失调"的意思是"失去协调"。犹豫不决的感觉有点像音乐中的走调。如果我的吉他走调了，只需使用调音器就可以轻而易举进行校正。但是，如果我不知道该怎么调音，或者沮丧得无从下手，那我很有可能就此把吉他束之高阁，再也不弹了。犹豫不决的体验与此非常类似。我们的解决之道通常是要么愤而改变，要么放弃改变。

如果你能找出阻碍自己实现目标的障碍，那么你就可以完成下面这个填空题："我很想改变，但是＿＿＿＿＿＿。"注意，这里的"但是"一词，通常会抵消前面所有的目标。

❀ 这门课非常有趣，但是我没有时间。

❀ 我很想锻炼，但是我得让饮食恢复正常。

❀ 我很想跟你出去约会，但现在还不是时候。

与其说"是的，但是"，不如换成"然而眼下"。

❀ 这门课非常有趣，然而眼下我没有时间。

❀ 我很想锻炼，然而眼下我得让饮食恢复正常。

❀ 我很想跟你出去约会，然而眼下还不是时候。

看上去像是玩文字游戏，是不是？但文字是有意义的。我们所选择的文字，将为我们所传递的信息定下基调。如果朋友告诉你"你很惹人烦"，那你十有八九会想重新定义自己了。你可能还会好奇自己到底做了什么"惹人烦"的事，会感到紧张或者难为情。但是如果你的朋友换个说法——"你那样子吹泡泡糖真的让我很不舒服，你介意不这么做吗"，你可能就不会觉得那么戒备或尴尬了。

想象一下和自己来一场类似的对话。"我没办法控制自己的饮食。禁不住美食的诱惑，真的让我很烦恼。"这些想法充满了自我怀疑，而且会让我们对于改变所抱有的希望越来越微弱。你可以换一种更有益的想法："抵制美食诱惑的挣扎令我感到十分沮丧，然而眼下我是可以想办法去战胜这一挑战的。"正确地与自己对话，能够帮助我们重构对改变和动机的挣扎。这就是所谓的**"自我对话"**（self-talk）。

自我对话

　　自我对话就是我们和自己的交谈。拿出一些时间，来整理一下与你正在考虑的转变相关的一些想法，它们是不是类似这样？

　　❀"这太难了。我没有足够的自制力。"

　　❀"我要么被迫从大学退学，要么把钱花光。如果告诉朋友我辞职了，我会难为情死的。"

　　❀"要是每次吃东西都得数着卡路里[⊖]的话，光想想我就焦虑了。"

　　你会不会总爱想象各种假设，设想最糟糕的失败场景，或者任由自己的感觉肆意蔓延？这种负面思维是一种内部障碍，如果你想继续前进，就必须及时处理。《自信是一种能力》（*The Self-Confidence Workbook:A Guide to Overcoming Self-Doubt and Improving Self-Esteem*）这本书中描述了一些打破负面思维模式的策略。第一步就是要识别出那些无益的想法，多想想那些与之抗衡的证据。其中一项策略是重组或挑战那些无益的想法。举例来说，如果其中一个无益想法是："我做不到一天只摄入 1200 卡路里。吃什么都要做记录，实在是太难了。"那么你可以告诉自己："记录所有摄入的卡路里，这事挺烦人的，但是我能做到，而且我会慢慢适应。"又例如，如果你的无益想法是："我没必要非得戒酒。还没那么糟糕。"你可以这样重新组织语言："我可以试着先戒一段时间，看看什么情况。"

　　⊖　1 卡路里 ≈ 4.1859 焦耳。

利与弊

权衡利弊可能是整个改变过程中至关重要的一步。"利"指的是与某个具体行为相关的利益或好处，而"弊"则是所需付出的代价、可能的后果，或一些不那么好的事情。

在下决心改变之前，对做的利与不做的弊做一番权衡是非常有益的。或许这看上去像是检视一枚硬币的两面，但实际上你会让自己对于改变的好处和不改变的代价看得更清楚。

请看下面这个例子：

锻炼的利处	不锻炼的弊端
✸ 帮助我燃烧更多的卡路里 ✸ 改善心脏健康 ✸ 身体和精神上感觉更好 ✸ 夜里睡得更好	✸ 不那么累，因此睡眠会更不好 ✸ 健康风险增大 ✸ 家人在一起需要走很多路时（比如在游乐场游玩）很难跟得上

我不会去考虑不锻炼的利处和锻炼的潜在弊端，因为这二者都不具有实际的功能。实际上，它们可能会导致我为不锻炼去找理由。我们关注的重点是动机，所以我们也会集中关注那些能提升我们动力的点。

尽管如此，传统的利弊分析表还是非常有用的。如果你追求某个特定目标的信念还不是特别坚定，或者还没有做出明确的决定，那么进行一番利弊权衡是非常有益的。

举例来说，胡安不知道自己是应该接受总经理的职位，还是继续攻读学位（追逐自己梦想的工作），所以他给自己列了一个传统的利弊分析表。

	利处	弊端
如果接受总经理的职位	※ 收入更高 ※ 处理作业和学费问题时压力更小 ※ 能有更多的时间陪伴朋友和家人 ※ 可以多去旅行	※ 职业目标更受限 ※ 与做理疗师的梦想失之交臂 ※ 对自己感到失望
如果继续做一名副经理，继续攻读大学学位	※ 继续保留成为理疗师的梦想 ※ 对自己的职业生涯更有信心 ※ 不会对自己感到失望，也不会令那些关心我前途的人失望	※ 在努力平衡工作、学业和经济状况的过程中继续"压力山大"

聚焦

当你开始思考自己的目标和潜在的障碍时，你可能会发现，某些（甚至可能全部的）障碍其实就是你自己的想法和行为。阻止我们改变的原因，通常在于我们似乎总在给自己设置障碍。举例来说，烟民都非常清楚抽烟的危害及其对健康的影响，但这种认知并不会让他们做出戒烟的决定。因为体重而产生健康困扰的人们，也知道自己的饮食习惯和不运动是造成问题的原因，但我们当中的许多人依然发现，要改变实在太难了。这里有些重要的问题需要我们去思考：

※ 现在的行为和最终的目标之间，到底有着多大的差距或者不对等？

有时这种差距非常小，以至于会让你的目标显得不那么重要。如果你想减重 5 磅，但是你的体重大致处于一个健康的范围内，那么这个目标的重要性就会变得非常低。尽管如此，如果这个差距很大，那么目标很可能就会看似无法实现。如果一个人背负着 25 000 美元的信用卡债务，同时还要付房租和还学生贷款，那么他对自己能否摆脱困境的预期可能会非常悲观。

❀ 你相信自己能制订出计划，去克服这些障碍吗？

你可能会觉得有点难以承受，甚至感到绝望。这些负面的情绪不会帮助你实现改变。如果只要处境悲惨就能触底反弹，成功实现转变，那谁都不需要一本书来帮助自己去寻找动机了。但这种不安的状态本身就是迈向正确方向的第一步。只是纠结于自己到底哪里做错了，是不会帮助我们越过终点线的。

❀ 如果能克服这些障碍，那么你的生活会有哪些不同呢？让我们用希望来取代绝望。

我们可以做一些练习，通过观察你的目标，寻找与此目标相关的原因和个人价值，来帮助你思考自己到底是否希望改变。请想象一下，当你朝着最终目标努力，会给自己的生活带来哪些方面的改善。这个过程没有任何限制（完全可以天马行空）。

我们将在第二步介绍一些方法来巩固你的自信心以及对目标的承诺。如果你还没准备好选定一个目标，也没关系，完全可以按照自己的进度来。

确认你的目标

追寻内心的声音，它会指引你
找到自己真正想要的。

1.1：我在担心什么

你可能已经大致了解了自己生活中哪个方面需要变，但还不确定该怎么改。那就让我们头脑风暴一下，想想导致自己不满或担心的都是哪些领域。这些领域可能非常宽泛，比如更好的理财能力或更令人满意的外形。你不需要触及下面的所有领域，因为稍后我们会拿出一些时间来进一步缩小范围。

请选出一些符合你当前处境的主题，然后就自己的问题写一个简短的描述。未列出的主题，可以写到最后的两个空白圆圈内。

1.2：为你的担忧打分

请回顾一下你过往的行为，列出自己希望做出努力的八个领域。从 1 分到 5 分，为这些领域打分，5 分表示这个领域已经给你的生活带来了极大的不快，1 分则表示这种不快是偶发性的。举例来说，如果你给某项担忧打了 5 分，那你每天会多次想到它，而如果打了 1 分，那大概每几周才会想到一次。

需要改善的领域   打分（1～5）

1.

2.

3.

4.

5.

6.

7.

8.

看看那些得分最高，或者说最让你持续感到不满的领域。将前三名写在下面，并用一句话说明为什么你选择这一领域作为优先重点。

优先重点领域   理由

1.   1.

2.   2.

3.   3.

1.3：终极目标

拿出一些时间，幻想一下理想中的自己。如果我有一根魔法棒，只要轻轻一挥，就能让你所有的麻烦和担忧一夜之间消失于无形，那么第二天清晨，你的生活会是什么样子的？会有哪些不同？这就是你的终极目标，或者说大方向。请描述一下吧。

1.4：我该在哪些方面努力

回顾一下练习 1.2 中提到的优先重点领域，再看看你的大方向。哪些优先重点领域与你的大方向有着直接的联系？你应该至少能选出一个领域，也可能是两个，甚至全部三个。想想要对这些优先重点领域做哪些改变，才能帮助自己朝着大方向前进。有哪些是你一直考虑要改变或换个方式去做，却一直不情愿、没能力或没准备好去处理的？

我的生活会更好，如果：

例：可以享受吃更多的健康食品。

1. _____

2. _____

3. _____

我需要做出哪些自我改变，才能实现这个目标呢？

例：学着改变自己对健康和非健康食品的看法。

1. _____

2. _____

3. _____

1.5：描述差距

在练习 1.4 中，你明确了为靠近大方向而需改变的三个领域。现在来看看在这三个领域中，你分别处于什么状态。请利用这些领域来完成下面的句子。

例： *如果能减轻一些体重，我的生活会更好，因为这将有助于降低我的血压，还能让我穿上最喜欢的衣服。目前我超重 20 磅，而且血压非常高。*

领域 1：如果 ＿＿＿＿＿＿＿＿＿＿＿＿＿ 的话，我的生活会更美好，因为那将 ＿＿＿＿＿＿＿＿＿＿＿＿＿＿＿＿＿＿＿＿＿＿＿＿。
目前，我的情况是 ＿＿＿＿＿＿＿＿＿＿＿＿＿＿＿＿＿＿＿＿＿。

领域 2：如果 ＿＿＿＿＿＿＿＿＿＿＿＿＿ 的话，我的生活会更美好，因为那将 ＿＿＿＿＿＿＿＿＿＿＿＿＿＿＿＿＿＿＿＿＿＿＿＿。
目前，我的情况是 ＿＿＿＿＿＿＿＿＿＿＿＿＿＿＿＿＿＿＿＿＿。

领域 3：如果 ＿＿＿＿＿＿＿＿＿＿＿＿＿ 的话，我的生活会更美好，因为那将 ＿＿＿＿＿＿＿＿＿＿＿＿＿＿＿＿＿＿＿＿＿＿＿＿。
目前，我的情况是 ＿＿＿＿＿＿＿＿＿＿＿＿＿＿＿＿＿＿＿＿＿。

这就是你的**差距**。它们可能太大（让你难以承受），也可能太小（不足以令你担心），又或者刚刚好（足以引起你的关注，又不会太有压迫性）。哪一个对你来说是刚刚好的呢？请把它圈出来。

1.6：确认你的目标

你对自己有哪些发现？又会做出哪些改变呢？怎样才能让自己的生活更好？一旦你对这些有了更好的理解，就能为自己确立一个更广阔的目标，既不会太过具体，又能捕捉到你所希望做出的改变，或者你渴望体验的那种终极结果。

例：我的目标是改善健康。

将你在练习 1.5 中所罗列出的各领域补充完整。

领域 1：我的目标是 _____

_____

_____

领域 2：我的目标是 _____

_____

_____

领域 3：我的目标是 _____

_____

_____

1.7：缩小你的目标

　　仔细看一下你的目标。在同一个领域写下多个目标是很常见的。这些目标雷同吗？举例来说，如果你在减重或健康领域有多个目标的话，可以试着将它们合并一下。

　　例：原始目标："我的目标是改善健康。"

　　　　　　　"我的目标是减重 25 磅。"

　　　　　　　"我的目标是降低胆固醇。"

　　　　缩小后的目标："我的目标是改善整体的健康水平。"

　　请将合并后的目标写在下面。按照练习 1.2 中列出的前三个优先重点领域确定两个清晰的目标，不用按照特定顺序。

　　1 号目标：..

　　2 号目标：..

1.8：采取行动到底有多重要

现在，是时候对那些能帮你实现大方向的目标做一番优先排序了。在练习 1.7 中，你将相似的目标进行了合并。下一步就是对这些目标进行评估，选出最佳的着手点。首先要思考的是应对每个目标如何能改善你的生活质量，提升满意度。

请在下面写下两个目标，然后使用 5 分制来给它们打分。打 5 分表示处理这个目标有可能极大地改善你的日常生活品质，打 1 分则表示处理这个目标仅能偶发性地改善你的生活品质。举例来说，如果能成功减重，那你每天早上称重或者穿衣服的时候就能注意到，而且同伴们也会经常评价你体重的变化，因此这一条可以打 5 分。但如果你的目标是跑步时提升速度，那么只有在每周跑步的那两天你才会注意到，因此这一条可以打 1 分或者 2 分。

打分（1 ~ 5）

1 号目标： _____

2 号目标： _____

回顾一下自己的目标和评分。你可能还不十分确定实现哪个目标的动力更大，但是你可以利用这些练习来分别对目标进行考量，从而决定自己想追求的到底是哪个。

第 2 项
练习

权衡改变的利与弊

明确改变的利与弊可以帮助你
更好地平衡短期和长期的收益，让
你的决策更具科学性。

2.1：改变的利与弊（身体健康层面）

　　一旦你考虑为了目标而采取行动，那么至关重要的一点就是要对于这个目标为什么重要建立起一个牢固的认知。那些出现麻烦的领域都让你付出了哪些代价，改变的益处又有哪些？利弊的权衡可以是身体方面的、情绪方面的、社会方面的、心灵方面的，甚至是金钱方面的。本次练习，我们将从身体健康层面开始。

　　让我们看一下杰克的例子。

　　45 岁的工厂工人**杰克**患有高血压，他知道自己需要减重，需要锻炼，但是不知道在当前这种生活方式下如何才能实现这些改变。

杰克的健康代价前三名：

1. 我越来越容易累了，而且也没力气陪我的孩子玩。
2. 我有患心脏病、中风和糖尿病的风险。
3. 我的睡眠不像以前那样好了，而且打呼噜也会吵到妻子。

杰克的健康益处前三名：

1. 降低血压将减少患心脏病、中风和糖尿病的风险。
2. 如果能减重，那我上班时爬楼梯就不会那么气喘吁吁了。
3. 如果能减重，我可能会睡得更香，而睡得更香，我的状态就更好。

　　我们来检视一下排名前列的目标利弊吧。你可以想想医疗保健机构提到的那些好处，或者曾体验过的因为努力而带来的好结果，又或者你最担心的健康问题，以及实现这个目标将带来哪些变化。

这项练习不仅仅适用于减重或戒烟这类以健康为目标的人们。任何改变都有可能影响到你的健康。举例来说，如果你的目标是结束一段不开心的关系，那么健康方面的益处有可能是降低你的压力水平，进而降低未来的健康风险。而继续维持这种不开心的关系，也会令你付出健康的代价，提高你的压力水平，从而可能导致高血压等健康问题。

我的健康代价前三名   **我的健康益处前三名**

（如果不改变，可能会发生什么）： （如果改变，能带来什么）：

1. _____   1. _____

2. _____   2. _____

3. _____   3. _____

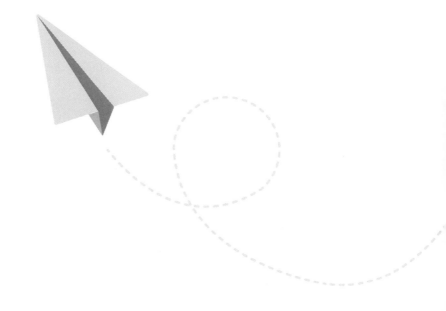

2.2：改变的利与弊（情绪层面）

接下来我们看一下感受方面。人的情绪通常可以分为四大类——悲哀、愤怒、快乐、恐惧——如果你无法辨别自己的感受，那么这种分类还是非常有用的。

这个练习的第一步，是先思考不努力实现目标所要付出的情绪代价。因为我们希望多关注与改变相关的积极情绪，所以要多去思考一些有着细微差别的描述积极感受的叙述词。情绪益处通常是一个人想要努力做出改变的首要驱动力。

当胡安考虑放弃总经理职位时，他想到的是为梦想牺牲所带来的感受，于是便列出了有巨大影响的代价和益处。

胡安的情绪代价前三名：

1. 如果退学，接受总经理这份工作，我会对自己感到失望，甚至可能感到很失败。

2. 如果接受总经理这份工作，可能会因为要学习新的工作业务和承担更多的责任而感到压力很大。

3. 如果退学，我可能会在管理工作中感到厌倦和没有成就感。

胡安的情绪益处前三名：

1. 如果继续做副经理，我会为自己没有放弃梦想而感到骄傲。

2. 我会对胜任副经理这一职务而倍感自信，同时也不必学习新业务，不用承担额外的责任。

3. 我将对攻读学位的过程所带来的智力挑战充满期待。

你能分辨出不同的情绪代价和情绪益处吗？如果遇到矛盾挣扎，那就想想实现目标能给你带来哪些快乐；如果维持原状又会产生什么样的感受。你会感到有压力、难过或沮丧吗？

我的情绪代价前三名

（如果不改变，可能会发生什么）：

1. _____

2. _____

3. _____

我的情绪益处前三名

（如果改变，能带来什么）：

1. _____

2. _____

3. _____

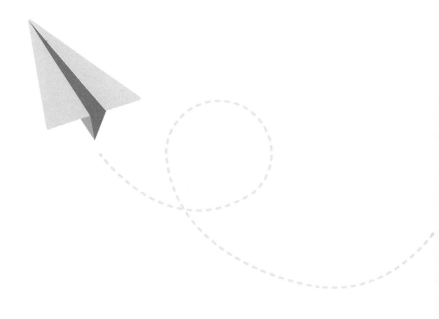

2.3：改变的利与弊（社交层面）

社交生活对我们的幸福健康是非常重要的。花时间与家人和朋友相处，共度美好时光，对我们的心理健康和幸福感至关重要。制订目标的时候，一定要看看它会给你的社交生活带来什么样的影响。

埃玛知道她与罗德尼的关系正处于一个十字路口。罗德尼的控制欲一直很强，这已经令埃玛怀疑他们的关系是否符合她的最佳利益。一想到离开罗德尼，埃玛就觉得害怕，但同时也感到自由。于是她对个中的利弊作了一番检视。

埃玛的社交代价前三名：

1. 如果继续和罗德尼在一起，那么重返学校这件事，我将得不到任何支持。

2. 如果继续和罗德尼在一起，那我只能继续依赖他作为我社交生活的来源，而错过和杰米、丽莎他们一起消遣的机会。

3. 如果继续和罗德尼在一起，但是坚持上学，那我们就会经常发生口角甚至吵架。

埃玛的社交益处前三名：

1. 我将实现受教育和职业生涯的目标，而且还不用和伴侣吵架。

2. 我可以重拾和杰米、丽莎的友谊，她们之前一直陪在我身边，但后来激起了罗德尼的嫉妒。

3. 我将在班上遇到新的朋友，而且可能和他们拥有同样的职业兴趣。

设想一下，如果不做出改变，不朝着自己的目标努力，将会给你的社交生活和你与生命中那些重要人物的关系带来多么负面的影响。然后再思量思量，向着目标努力，又会给你的社交幸福感带来怎样的好处。

我的社交代价前三名
（如果不改变，可能会发生什么）：

1. _____

2. _____

3. _____

我的社交益处前三名
（如果改变，能带来什么）：

1. _____

2. _____

3. _____

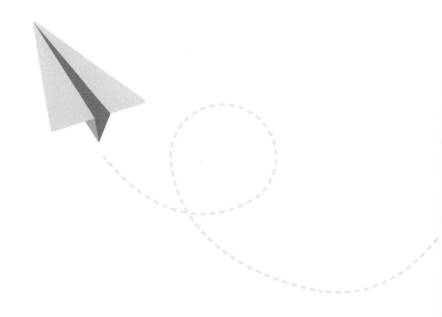

2.4：改变的利与弊（心灵层面）

什么是个人幸福的心灵层面？这是很难定义的。"心灵世界"（spirituality）和"心灵实践"（spiritual practice）这两个词的意义因人而异。与健康、社交和情绪层面的益处不同，心灵层面的益处并不好量化。但检视目标的心灵层面还是非常有意义的。我们先做一番头脑风暴，列出那些能给你的生活带来意义和目的的事情，这其中可以包含服务他人，以及改善你最重要的人际关系等。

洛琳知道，住得离女儿近些客观上是有不少好处的，但她一想到搬家可能给自己的心灵带来的冲击，便又发现存在某些现实的困难。

洛琳的心灵代价前三名：

1. 如果待在亚利桑那，当我的朋友们陆续离世或相继搬走时，我会持续怀有这种失落感。

2. 在亚利桑那，我身边已经没有任何可以依靠的同伴。

3. 如果待在亚利桑那，我会感到自己有点儿没用，有点儿与世隔绝。

洛琳的心灵益处前三名：

1. 如果搬到女儿家附近住，我就可以融入她们的生活，并且经常感受到这些亲情关系的重要性。

2. 女儿向我保证，我一定会和她的朋友们相处得很好。

3. 只要能开车，我就能帮忙带我的外孙女，确保自己不会感到与世隔绝。

有哪些人或事为你的生活带来了意义和目的呢？又有哪些人际关系帮助你弄清楚了自己存在的原因？请利用这些答案，来帮自己辨识实现目标能为心灵层面带来的益处。

我的心灵代价前三名

（如果不改变，可能会发生什么）：

我的心灵益处前三名

（如果改变，能带来什么）：

1. _____

2. _____

3. _____

1. _____

2. _____

3. _____

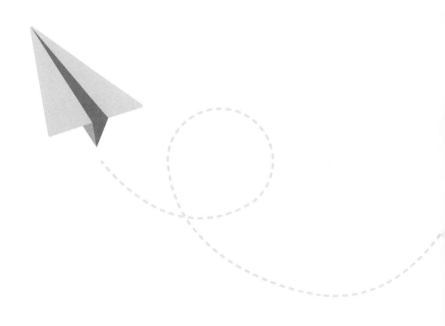

2.5：改变的利与弊（金钱层面）

最后，让我们来探讨一下目标在金钱方面的代价和益处。和练习 2.4 一样，完成这个清单是颇有挑战性的。请思考一下实现这个目标将如何在短期和长期两个维度上帮你节省金钱，或者它能怎样帮助你的未来做一些投资。

谢丽尔回想着这几年来自己断断续续的吸烟史，已经从原来的一天一包发展到了一天三包。她非常清楚抽烟花掉了自己很多钱，也想过这些钱本可以有更好的去处，但现在她考虑的是存钱，而不仅仅是一包烟钱。

谢丽尔的金钱代价前三名：

1. 如果不戒烟，我的健康最终会出问题，那样花的钱会更多，比如要买处方药，要看医生。

2. 如果不戒烟，健康问题会迫使我提前退休，也就意味着领的养老金会更少。

3. 所有这些额外的支出，都会导致我花在孙女身上的钱变得越来越少。

谢丽尔的金钱益处前三名：

1. 如果能戒烟，那么必须花钱买药来控制慢性肺病的风险就会降低很多。

2. 如果能戒烟，我就能为退休后的生活多省下一些钱来，或者多花些在孙女身上。

3. 如果能保持健康，我就能一直工作到 67 岁，从而为退休后生活水平的维持提供更好的支持。

如果目标无法实现，会让你付出哪些金钱上的代价呢？如果目标得以实现，又能怎样帮你省钱，或者令你的职业生涯更多产呢？

我的金钱代价前三名
（如果不改变，可能会发生什么）：

1. _____

2. _____

3. _____

我的金钱益处前三名
（如果改变，能带来什么）：

1. _____

2. _____

3. _____

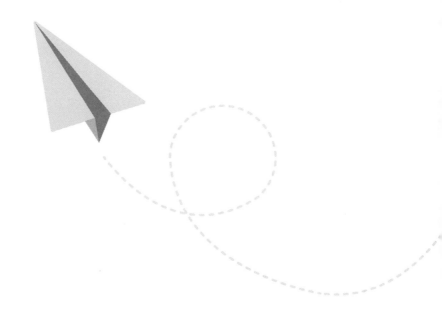

2.6：总结利与弊

现在，再看一遍清单上罗列出的不追求目标的代价，以及为目标而努力的益处，找出追求目标的最重要的几个原因，将它们写在下面。这里你不需要纳入之前列出的益处。

实现目标五个最重要的原因

1. _____

   _____

2. _____

   _____

3. _____

   _____

4. _____

   _____

5. _____

   _____

第 3 项
练习

发现内部拦路虎

发现阻碍实现目标的自身原因
并不是自责或自我批评的借口，而
是为了更好地了解自己并找到解决
方案的途径。

3.1：内部障碍（脑海里的那个声音）

内部障碍指的是那些阻止你追求目标的想法、执念、恐惧等，有时它们甚至会扼杀你追求的意愿。人们常常将它们描述为"脑海里的那个声音"，这种声音会找出一些原因、理由或借口来做自我破坏，力图避免采取行动。

对许多人来说，如果过去曾有过试图改变但铩羽而归的经历，那么现在，他们可能对再次尝试抱有非常强烈的恐惧或担心。这些情绪可能会导致你对自我价值产生怀疑，从而导致极为消极的自我对话。

* "我也想戒烟，但之前实在失败太多次了。我就是太软弱了。"
* "我就是不具备那种超级努力的能力。"
* "反正我可以以后再回学校继续学业。"
* "这么做会给我和我的家庭带来什么样的震荡，我想我是应付不来的。"
* "现在各种事情千头万绪，我根本没办法集中精力做这件事。"

来看一下与你的目标相关的各种负面信息。请把目标写在下面。

目标：

思考目标的同时，请想出五条不采取行动的原因、理由或借口，并写在下面。

1. ....

   ....

2. ....

   ....

3. ....

   ....

4. ....

   ....

5. ....

   ....

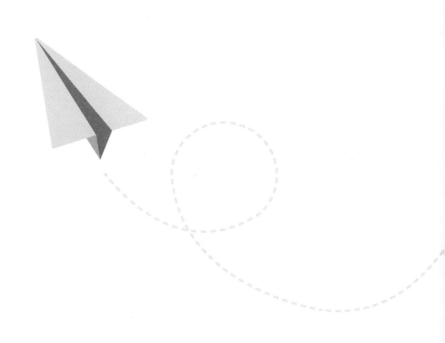

3.2：内部障碍（态度检查）

有时，态度会成为行为改变过程中最大的内部障碍之一。负面的态度（如"我不想这么做""这根本就是浪费时间"）会塑造你所有的行为，加剧你的恐惧和担忧，并削弱你实现目标的能力。

想想你在练习 3.1 中列出的想法和执念。

就目标来说，你对采取行动的态度有多强烈？请选择一个最合适的评分，并写一个简单的解释。

□ 非常负面：我一点儿都不想为这个目标而做出任何努力。

□ 负面：我对这个目标不感兴趣。

□ 稍微负面：我宁愿不要为这个目标而努力。

□ 中立：我对这个目标的感受比较复杂。

□ 稍微正面：我在考虑应该为这个目标而努力。

□ 正面：我愿意为这个目标而努力。

□ 非常正面：我对实现这个目标非常感兴趣。

3.3：内部障碍（行为检查）

行为是我们自我告知的结果。如果你总去看电影，而不是去锻炼，那这就不是偶然的。我们经常会自我灌输一些信息，如"我没有采取新行为所需的技巧或信心"，于是我们便一再重复自己的行为模式。这种想法通常会是非常大的内部障碍。

❀ **想法：**"我应该买些健康食品，但又不知道从哪里入手。"

❀ **结果：**买了不健康的食物。

❀ **想法：**"如果申请上大学，我十有八九会搞砸。"

❀ **结果：**没有申请学校。

❀ **想法：**"我知道应该做运动，但是不知道如何正确地做运动。"

❀ **结果：**去看了场电影。

❀ **想法：**"没错，我的人际关系并不健康，但是我不觉得光靠自己就能把日子过好。"

❀ **结果：**陷入不健康的关系中无法自拔。

你现在的行为中，有哪些令你停滞不前，阻碍你实现预设的目标呢？请尽可能多想一些，列在下面吧。

1. _____

2. _____

3. _____

4. ....
5. ....
6. ....
7. ....
8. ....
9. ....
10. ....

3.4：内部障碍（情绪检查）

　　人的感受通常与自身的想法直接相关。很多想法专注于那些你认为应该如此，实际上却并非如此的事情（比如"减肥很简单啊，为什么我这么挣扎呢"，或者"别人都有男朋友，那我也应该有一个"），这些想法是无益的，它们会让你产生愤怒、悲伤、焦虑等一些负面的情绪。生物学因素、应对技巧的缺乏、环境的强化作用，以及情绪的超负荷，都可能加剧这类紧张情绪。

　　哪些感受是你很难处理的呢？请把那些最常出现或最困扰你的情绪圈出来吧。

愤怒	恶心	沮丧	抑郁	不快
压力	焦虑	＿＿＿	＿＿＿	＿＿＿
		其他	其他	其他

**　　想一想练习 3.3 中那些无益的行为，你的感受是如何令你停滞不前的？关于情绪控制方面，你最担心的是什么？**

3.5：内部障碍（知识）

最后的内部拦路虎，是你不知道哪些动作或行为能令你更接近目标。简单来说，不掌握真实情况是很难成功的。有时人们无法成功适应某个新行为，仅仅是因为他们没有掌握成功所必需的知识或信息。举例来说：

※ 我不知道怎样选择健康的食物。

※ 我不知道申请大学和财务资助都需要哪些步骤。

※ 我不知道相较于当酒吧经理，做一名理疗师到底能挣多少钱。

你对自己的目标都有哪些问题需要了解？或者说，你在哪些领域存在信息的缺乏，从而有可能导致无法成功？

1. _____

2. _____

3. _____

4. _____

5. _____

第 4 项
练习

发现外部拦路虎

外部拦路虎并不是无法逾越的
障碍，将其作为一个探索的契机，
你将更好地了解周围环境的影响，
并找到与之协调的方式。

4.1：外部障碍（财务／经济层面）

检视了内部障碍之后，现在让我们来看一看都有哪些外部障碍。虽然我们必须理解，改变总是源自内心，但你所处的环境作为一个非常重要的因素，也将决定你的未来能否取得成功。外部障碍包括经济来源、社会支持、社会文化因素，以及外部环境压力源等。有时法律、规范和媒体也会成为你的绊脚石，这取决于你的目标是什么。

即使你已经准备好并且愿意做出改变，有时也会遇到一些外部障碍，包括财务问题，这一点将会影响你采取行动的能力。通常情况下，财务困难会限制人们对目标的投入程度，因为这会使你不具备采取行动所需的各种资源。"我也想搬出去自己住，可是又付不起房租。"

在你达成目标的过程中，存在哪些财务障碍？

1.

2.

3.

4.

5.

4.2：外部障碍（社交网络层面）

研究表明，社会支持对于目标的实现能起到至关重要的作用。即使在做好准备并具有意愿和能力去改变的情况下，糟糕的社会支持也会令自我改变的能力大打折扣，因此，掌控自己个人的社交网络是非常重要的。

社交网络指的是你在家庭、社交集会、工作场合或学校所遇到并开展社会交往的各种人员，其中可能包括配偶或伴侣、亲近的家人（母亲、父亲、姐妹、兄弟甚至子女）和朋友、同事、同行，以及其他熟人。

请列出你的社交网络中所包含的人和团体。

打分（1～5）

1. ....

2. ....

3. ....

4. ....

5. ....

从1分到5分，为上述所有人员和团体对你目标的支持程度进行打分。1分表示他们不支持你的目标，甚至可能加以制止；5分则表示他们会尽自己所能帮助你实现目标。请在社交网络成员姓名旁边写下你对他们的评分。

4.3：外部障碍（社会障碍）

请为所有得 1 分的个人或团体写一个简短的理由，阐述他们为什么会成为你的障碍。

例：我很喜欢做一些健康的食物，但是我要为全家人做饭，他们不吃健康的东西。

4.4：外部障碍（社会和文化层面）

　　社会和文化层面的障碍源自我们所处的社会和文化团体。这些团体决定了我们的本质和归属，帮助我们通过一些规范和共同认可的规则和预期，去更好地理解生活中那些不成文的规矩。如果你所做的改变与社会和文化团体的规范相契合，那么适应起来会更容易，反之则会充满挑战。

　　举一个例子。蒂姆 14 岁就开始喝酒了，25 岁时被控酒驾，因此必须戒酒。在过去的九年里，每个周五、周六的晚上，蒂姆都在当地的一间酒吧里和他那些酒友们一起度过。另外，蒂姆对于自己能把所有人喝趴下这件事一直引以为豪。之所以一直难戒酒，不仅因为这是蒂姆自我认同的一部分，也因为这是他所属的社会团体的认同之一。

　　对你来说，哪些社会和文化团体或者标准会给你的目标达成带来挑战？请想出多少便列出多少。

1. _____

2. _____

3. _____

4. _____

5. _____

4.5：外部障碍（环境压力源）

当前生活状态中的某些因素也会给你的改变制造障碍。和缺乏社会支持一样，日常生活中的压力也会日渐消磨你的斗志。环境压力源包括来自工作或学校的压力，对年迈或病重的家庭成员的担心，往返工作单位或学校的通勤时间，帮孩子处理繁忙的日程安排，还有糟糕的天气，等等。

哪些环境压力源会干扰你追求目标的努力？请想到多少便列出多少。

1.

2.

3.

4.

5.

4.6：外部障碍（法律和规范层面）

这类障碍未必适用于所有人，但还是请拿出一些时间来考虑一下，某些规矩或规范是不是会干扰你梦想的实现。比如一项工作过去可以接受学士学位，现在可能需要硕士学位了。

哪些法律和规范可能会阻碍你目标的实现？请想到多少便列出多少。

1. _____

_____

2. _____

_____

3. _____

_____

4. _____

_____

5. _____

_____

4.7：外部障碍（媒体及其他）

自我交谈会影响你的情绪，同样地，来自外部的信息也能影响你的心绪。这些信息来自你所接触到的电影、电视、电子游戏和媒体。一直以来，媒体都因其输出的暴力、行为不端、缺乏态度及其他社会问题而受到指责。虽然人们对电视、电影和网络上所呈现出来的东西的整体影响存在争论，但这些信息的确给人们造成了影响。例如，看了关于模特的真人秀节目，可能会让人感觉减肥是一件不可能的任务，进而对改善饮食健康失去信心。

或许还有一些没谈到的障碍，比如，如果你想重返校园读书，那势必需要一部车。

在你从媒体获得的各种信息中，有哪些会给你的改变造成障碍？你还遇到过哪些不利于改变的障碍？

1.

2.

3.

4.

5.

第 5 项
练习

解决矛盾心理，
果断做出决定

矛盾心理可能会让你感到困惑
和不安，但不要害怕。明确自己的
价值观，并相信自己能做出正确的
决定。

5.1：识别自己的矛盾心理

即使你已经采取了一些步骤去明确自己的目标和可能存在的障碍，但还是没有全情地投入进去。或许你意识到有些事情需要做出改变，但是依然有拦路虎在前方。

矛盾心理会令你的目标脱序，因此必须要理解这种心理的根源在哪里，并加以解决。接下来的几个练习将帮助你做到这一点。

请在下面写出你心中的矛盾所在。

以"我想"开头，写出你打算实现的目标，然后以"但是"引入令你感到矛盾的障碍。请使用你在之前的练习中已经明确的障碍。

例：我想降血压，但是又很喜欢吃那些不健康的食品。

例：我想离开我男朋友，但是又害怕重新开始。

请按自己的想法选择已确定的障碍，数量不限。

5.2：处理矛盾心理（不健康的想法）

练习 5.1 中写下的那些矛盾想法，有可能会给你的改变造成障碍。但如果能将这些内心的声音转换成正面的自我交谈，则能给你的目标实现之路带来翻天覆地的变化。

请在第一列的每一个矛盾心理下面，写出消极的自我对话。然后在第二列重新组织语言，将这些想法变成能鼓励你不断追求梦想的正面想法。

无益的想法	有益的想法
例：我太喜欢吃垃圾食品了。让我放弃我做不到	例：拥有健康的饮食，并不意味着不能吃那些我喜欢的能抚慰人心的食物

5.3：处理矛盾心理（情绪层面）

在练习 5.2 中，你明确了那些可能带来麻烦，并且会给你的成功改变造成障碍的情绪。学会如何以一种健康、有益的方式去处理这些情绪，就成了实现目标的一个关键因素。要掌握良好的应对技巧，并没有捷径可走，但是一些经过实践验证的策略，可以帮助你更好地处理负面情绪。

*多参与自己喜欢的活动，积累积极的正面体验。*充实的活动（正面体验）能够有效地提振你的情绪和信心。请列出一些能帮你缓解负面情绪困扰的活动和爱好，例如自行车骑行、做手工、器乐演奏或房屋重装等。

_____

_____

_____

*坚持不懈地提升自己，尝试新的事物，建立自己的优势和控制力。*技能的获得能够提升人的自信心，增强解决问题的能力。请列出一些可能让自己提升自信的追求。比如学一门新的语言，或者学些私人声乐课程，好加入某个乐队当主唱之类的。

_____

_____

_____

未雨绸缪，为那些肯定会令你感到不适的情况做好准备。如果能找到一些应对、接受特定场景的方式，那么实际发生时，你应该就能泰然处之，而且你的自信心也会得到提升。请列出在遇到肯定会带来情绪冲击的场景时，你可能会采取的步骤。例如，假如你是一个性格内向的人，正计划和配偶那边的亲戚一起去迪士尼乐园玩三天，那么你可能需要对拥挤的人群、过度密集的相处提前做好精神上的准备，方法就是要接受这个现实，预先设计好晚上如何在酒店恢复精力，并多想想家人相聚所能创造的美好回忆。

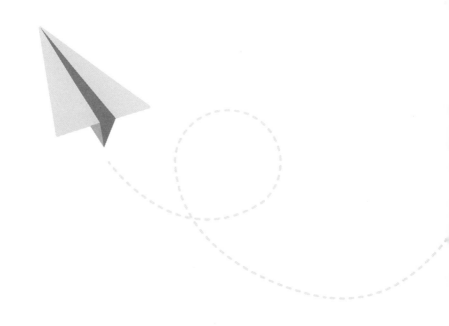

5.4：处理矛盾心理（外部障碍层面）

你已经在练习 4.1 到 4.7 探索了金钱、社会、文化、环境、法律等各个层面的外部障碍。虽然当中有些并非你能控制或改变的，但是对于其他一些障碍，你依然可以借助创造性的方法去解决。

请挑出一个你有可能解决的外部障碍。

例：障碍：我在得克萨斯州租不到离女儿家近的好房子。

现在请就可能的解决方法做一番头脑风暴。你可以上网搜一搜，也可以找一些可能了解情况的人来问一问，请他们给一些建议。

例：可能的解决方案：
❋ 转而考虑买房，而不是租房。
❋ 到离女儿家稍远一点儿的地方找找看。
❋ 先租一个最能满足我需求的地方，边住边继续找更好的。

障碍： ....

可能的解决方案：

1. ....
2. ....
3. ....
4. ....
5. ....

请划去你最不喜欢或最不可能起作用的解决方法。并重复此步骤两次，直到留下最后两个可能的解决方案为止。

对于每个可能的解决方案，你的态度是什么？你将其付诸实施的可能性有多高？

1号解决方案：

☐ 负面：我不太可能把这个方案付诸实践。

☐ 稍有负面：我可能不会尝试这个解决方案。

☐ 中立：我对这个解决方案的感觉比较复杂。

☐ 稍微正面：我可能会试试这个解决方案。

☐ 正面：我很愿意尝试这个方案。

2号解决方案：

☐ 负面：我不太可能把这个方案付诸实践。

☐ 稍有负面：我可能不会尝试这个解决方案。

☐ 中立：我对这个解决方案的感觉比较复杂。

☐ 稍微正面：我可能会试试这个解决方案。

☐ 正面：我很愿意尝试这个方案。

5.5：果断地思考

在练习 4.2 中，你确认了哪些人可能会成为你成功道路上的障碍。现在是时候对他们在你生活中的位置做一番调整，以确保其不再为你的成功制造障碍了。

先想想你心中的哪些想法让你无法和这个人划清界限。

我是否需要这个人的认可？

我是否担心自己会伤害他们的感情？

我是否认为要我所想是一种自私的行为？

我是否相信如果与其划清界限，这人会有一番吵闹？

如果上述问题的答案中至少有一项"是"，那就请对这个问题提出挑战。

例：我是否需要这个人的认可？是的。我想得到这个人的认可，但即使没有，我也活得下去。

5.6：果断做决定

确立与他人的界限，虽然看似令人生畏，甚至会让人感到有些气馁，特别是很多人可能以前就对这类谈话不感冒，但是这能帮助你在努力实现目标的过程中，不为他人的意见或否定所左右，而这是你应得的。对于那些可能破坏或阻碍你成功的人，一定要努力与他们划清界限。

做好准备进行这样的一场谈话。怎么才能表明自己的立场？

例：我想让他们不要再为了戒烟这件事而取笑我，不要告诉我我不会成功。我希望我的同事能说一些支持鼓励的话。

想好说什么。重点放在你自己的认知和需求上，避免责怪他人。多使用"我"而不是"你"。

例："我需要跟你谈点重要的事情。能给我一点儿时间吗？"

描述一下自己关于改变的决定，然后具体说一下你的感受和需求。

例："我已经决定戒烟了，就从明天开始。以后当我不跟你一起到

外面抽烟时，如果你能做到不嘲笑我或不开我玩笑，那将对我非常有帮助。你能做到这些，帮我一把吗？"

写出你的请求。**记得谈话的时候，一定要用一种客观而坚定的语气。**

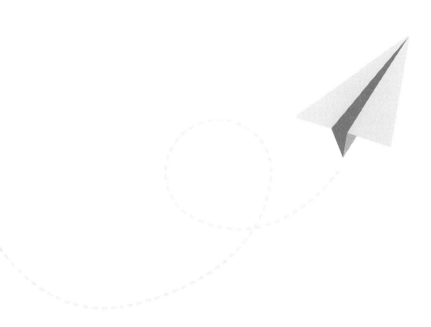

5.7：探索价值观

引导你做出决定并采取行动的是你的价值观。明确自己的价值观，并分清优先等级，能帮助你理解目标的重要性。价值观可以包括诚实、家庭、慈善、正直和信仰。

价值观对你来说意味着什么呢？请圈出你最看重的。它们的具体含义将由你来定义，你也可以把自己的价值观加进去。

成就	自由	供养
关爱	友谊	和平
挑战	感激	责任
承诺	成长	接纳自我
创新	健康	宽容
职责	希望	传统
刺激	幽默	_____
家庭	正直	_____
健美	知识	_____
原谅	爱	_____

从圈出来的价值观中选出你认为最重要的六个，描述一下它们对你来说意味着什么。

价值观	描述
例：和善	与人为善对我来说非常重要，因为你永远不知道别人正经历着什么。对人友善，让我感觉非常好

5.8：明确你的价值观

看一看练习 5.7 中的价值观清单。请从中选出前两名。

1. _____
2. _____

回到练习 2.6，回顾一下令你想寻求改变的一些最重要的原因。其中哪些与这些价值观最契合？为什么？

_____
_____
_____
_____

想一想促成你的目标成形的那些担忧。它们当中有哪些令你无法践行自己的价值观？

_____
_____
_____
_____
_____

所有为梦想而付出的努力，将如何帮助你更好地践行这些价值观？

第 6 项
练习

向过去学习，
朝未来迈进

过去成功改变的经历能给你
信心和经验。确定你采取行动的步
骤，并迈出第一步吧！

6.1：规则总有例外时

回顾一下你在练习 3.1 ～ 4.7 中发现的那些障碍，想想有没有哪一次是你成功面对障碍的？

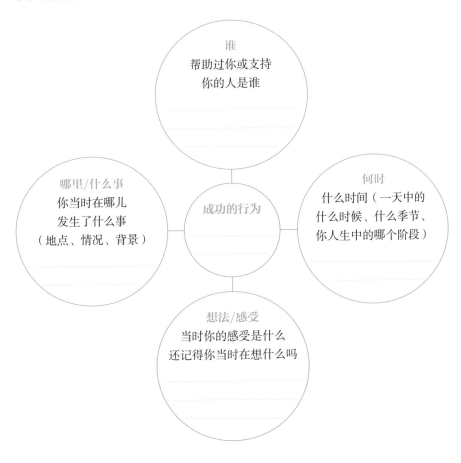

6.2：过去的一次成功经历

回忆一次你成功实现的比较显著的改变。不一定非得是最近的或最大的改变，可以是最难实现的那个。请写在下面。

....

....

当时你的生活中出现了什么情况？

....

....

你是一步到位完成了转变，还是脚踏实地地从小事做起？

....

....

这些小事都是什么？

....

....

对于今天的改变，你是怎么想的？

....

....

6.3：从过去学习

　　浏览一下你在练习 6.2 中给出的答案。过去的成功将如何帮助你实现新的目标呢？

6.4：聚焦终极目标与原因

让我们最后再看一下你建立起来的两个大目标（参见练习1.7），以及选择它们作为目标的最重要的原因。其中，排在第一位的原因就是你的"终极原因"。

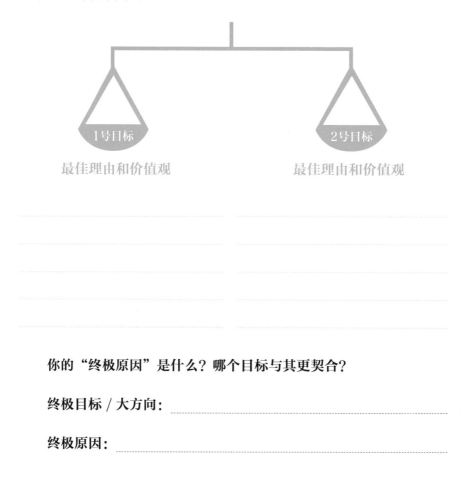

你的"终极原因"是什么？哪个目标与其更契合？

终极目标 / 大方向：

终极原因：

6.5：前进的方法

现在该激活你的目标了。假如你的终极目标是提升自己的感受，这也就意味着你希望自己的身体感觉更好、压力更小，工作上能取得更大的成就。这是一个很棒的目标，拥有一些切实的好处。要想提升感受，你可以采取很多方法，但是一个目标是不会告诉你需要采取哪些行动来实现它的。这就好比身处十字路口。要想知道选择哪条路，我们需要挖得更深一些。

一个有效的办法是先把你可以采取的方法列一个清单，哪怕你对它们怀有一种矛盾心理。记住，只有你才能断定，现在是不是做出转变的最佳时机。

下面是可以帮助人们提升感受的几个方法：

想想你的目标，然后制订一个至少包含五个方法的清单，这些方法将帮助你更好地定义自己的目标，或者将其具体化，然后迈出前进的步伐。记住，在这个阶段，我们只是对各种可能性进行头脑风暴。一切都还没有最终确定下来，而且拥有最终决定权的人，是你。

我的前进方法：

1.
2.
3.
4.
5.

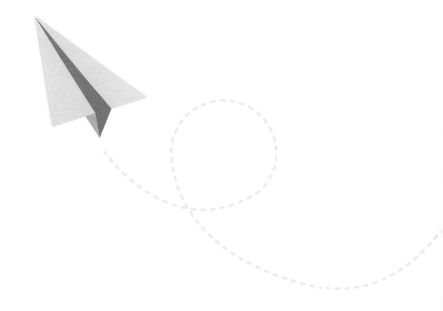

6.6：迈出第一步

现在你已经列出了五个可能的方法，来更好地定义你的目标，那么接下来我们要做的就是从这五个中筛选出一个。这一个，将是你心中认为对于自己的逐梦之旅最重要的，也是现在你愿意、有能力以及准备好去尝试的一个。

开始筛选之前，下面这些事情是你需要考虑的：

我愿意这么做吗？

我以前采取过这个方法吗？结果是有益的吗？

我相信自己能成功吗？

现在是采取这个方法的好时机吗？

请在下面这张表格的第一列中，重新写下你的前进方法（练习 6.5）。从 0 分到 3 分，分类为各个方法评分。0 分最低，3 分最高。最后为每一行算出总分。

我的前进方法	我愿意这么做	我之前这么做过，效果不错	我相信我能做到这件事	现在是这么做的好时机	总分
1.					
2.					

我的前进方法	我愿意这么做	我之前这么做过，效果不错	我相信我能做到这件事	现在是这么做的好时机	总分
3.					
4.					
5.					

最高得分是 12 分。你得了几个 12 分？如果没有也无须担心。哪个前进方法得到的分数最高？如果出现平分，那么获胜的将是"我之前这么做过，效果不错"一列中得分最高的方法。

请利用排在第一位的前进方法，对你的目标进行重写。

如果你得分最高的前进方法是"加强锻炼"，那么你的目标可以是：

例：坚持执行锻炼日程表。

我的目标是：

记住这个目标。我们将在第二步对其做进一步的探讨。

终于能走到这一步了，那是因为你对改变这件事怀有兴趣。通过阅读前面的内容，相信你应该已经意识到，做出改变对你来说，至少是有几分重要性的。而在衡量了改变可能带来的好处和不变可能付出的代价之后，相信你会更有兴趣去处理自己所关心的问题。

虽然对于改变的原因，你可能已经有了更清晰的认识，但或许现在你还没能百分之百地投入进去。或许此刻你已意识到，仅有认识本身，并不足以将一个成功的改变计划付诸实施。要想建立起实现改变的动机，还需要以下几个因素：

> 动机 = 承认问题（认知）+ 重要性（轻重缓急）+ 自信和希望

第二步将聚焦如何赋予你的改变以重要意义。明确自己的优势和资源所在，将帮助你建立自信心，完善动机，让你相信实现改变是可能的。

强化动机

第二步

动机有多重要

还记得我们在练习5.1～5.4中讨论过的矛盾心理吗？虽然少量矛盾心理的存在并不会妨碍你采取行动，可如果这种心理过多，便会阻止你采取行动。为了分清事情的轻重缓急，将重点聚焦于一个目标之上，你就必须先解决掉绝大部分的矛盾心理，相信自己的目标是最重要的。要做到这一点，你可以：改变自己的想法和态度，调动起内心力量和外部资源，想出新的技巧和策略来为自己构建希望和自信心。

杰克意识到，自己应该切身感受到改善健康的重要性和紧急性。健康的身体不仅能帮助他避免或降低罹患高血压等疾病的风险，节省下求医问药的费用，还能让他活得更好、更幸福，为家人和工作带来更多的能量。但是，他需要搞清楚，如何将健身训练和饮食规划融入原本已令他疲倦不堪的繁忙日程中。

20多岁时的杰克，体力是非常旺盛的。当然那时候他身上的担子也更轻，但真正形成这种不同的是，那时的他在自己的日程规划中留出了健身的时间，每周有三四天，他会早上提前出门，上班路上顺道健身。而且那时他带的饭也比较清淡，比如鸡胸肉、少量酱汁的沙拉等，而不是买那些没营养的食物来吃。杰克能坚持早起，能下定决心不理会健身房的人对其外观体型的看法，能享受体重训练的过程，所有这些都帮助他保持了积极的动力。

对于是否搬家，洛琳知道自己终究是要做决定的，但目前她还没有那么强烈的紧迫感。她要完成一大堆的事情，才能有工夫去真正考虑搬家的事情。搬家这个想法让她感到不知所措，她觉得自己根本做不到。她深信自己在这个年龄，可能根本处理不了这么一件大事。她意识到，虽然搬家所带来的绝大多数挑战都能找到解决方法，但并非都在她的能力范围之内。洛琳从没像现在这样需要得到女儿和女婿的帮助，但她不喜欢依赖别人。怎么把自己的心态调整得更积极、更正向，洛琳还没有做好准备。

重要的决定总是最难做

如果轻而易举就能做出改变，那就没人需要这本书了（自助类书籍也将不复存在）。同样的行为一再重复，会给我们带来一定的舒适感，当你处于某种情景中时，那时让你感觉最舒服的选择就是最容易的选择。因为它能满足你的某种需求，比如安全感、舒适感、愉悦感，或者逃避心理。当我在免下车餐厅思考点什么餐时，那时两份普通的玉米卷就不如一份牛肉饼来得可口。当我感到疲惫时，那时，早起锻炼就不如睡懒觉来得诱人。当工作让我不堪重负时，那时，玩会儿手机游戏会让我轻松许多。

我们的大脑总是喜欢将简单的选择——食物、睡眠、游戏——与愉悦的快感联系起来。拒绝愉悦总会令人不快，哪怕那种愉悦会阻碍你实现自己的终极目标。为了追求目标而推迟快感是很困难的。而且有意识地改变自己的行为，需要持续不断地做出各种无趣的决定，周而复始，循环往复。这很难，但绝非不可能。

"改变"长什么样子

想象自己达成目标的样子，能帮你构建希望，并思考如何为了实现目标而做出必要的转变。

埃玛的终极目标是离开罗德尼，过上独立的生活。让我们来看看她是怎样将这个目标视觉化的。

> 我看到自己正在一间漂亮的医生办公室里开医疗账单。这份工作有着正常的工作时间，周一到周五，早上 8 点到下午 4 点半。下班后，我会回家给自己做顿晚餐，或者和同事们一起小酌一杯。我拿出工资的一部分存起来，用作应急现金和度假基金。杰米、丽莎和我很想去海边过周末长假。如果有了存款，这个愿望就能实现了，而且我也不用忍受罗德尼带给我的内疚感。
>
> 身体和情绪的状态应该也会好转，因为我不用再为了取悦罗德尼而成天紧张兮兮。不用再如履薄冰，担心他会因为什么事情而生气。我的自我感觉也会更好，因为我不想下半辈子一直做服务员。我想得到一份提供医疗保险的工作。

埃玛考虑了很多从事医疗账单和编码工作的好处，想象自己穿着一身手术服，快乐、自由，未来掌握在自己手中。这是埃玛理想中的未来，这番景象帮助她厘清了实现梦想都需要采取哪些步骤。

我需要填写一张技术学院的申请表，并且申请财务资助。课程都是安排在白天上的，所以我应该有时间上课，下课后还能直接去餐厅工作。大约九个月后，我就能学完课程，通过考试，获得医疗账单和编码专业资格认证。我可以从网上找工作并投递简历。或许来餐厅吃饭的那些医疗工作人员可以告诉我哪里在招聘。

改变的可能

目标的视觉化想象能激发希望和欲望，但你也会发现某些障碍。不要紧，看清楚这些困难，集中精力想想如何克服即可。以埃玛为例，她意识到如果继续和罗德尼在同一家饭店工作就会产生问题，对方恐怕不会轻易放弃他们之间的恋爱关系，而且埃玛也需要找个新的住处。她只有先采取这些重要的方法，才有可能开始考虑申请医疗账单培训项目的事。于是埃玛决定改变自己寻求独立的目标，第一步，先搬出去，并且换一份工作，没准儿还得换个电话号码。埃玛的目标是可以实现的，但她必须先集中精力解决财务和住所这两个问题，然后才能申请医疗账单培训项目。

如果你在审视了自己的目标之后发现，它不仅面临重重困难，而且根本就不切实际，那你可能就得重新评估一下了。这就好比，假如我的目标是当个知名歌手，那这个目标就是不切实际的。

作为社会工作教育者和培训师的我，职业生涯是成功的，但做歌手就没那么在行了。即使我做足了功课，恐怕也制订不出一个能克服所有障碍的计划。相反，我可以把这个目标改为：每个月和我的乐队成员一起，参加一次当地的小型演奏会。

部分性改变

改变不容易，不会一蹴而就。在组织工作坊开展动机访谈专业培训的过程中，我让学员们思考一个自己应该做，但会面临各种困难的改变。然后我请大家站起来，说："如果你开始改变满30天或不到30天的话，请坐下。"我不断拉长时间，一遍又一遍地抛出这个问题，直到最后一问："如果满两年或不到两年，请坐下。"通常这种情况下只有少数几个人还站着。然后我问大家："这次提问告诉你什么？"答案是：改变很难，而且需要花费很长的时间。

但是如果我问："无论过去还是现在，你为了这个目标都曾做过哪些小的改变？"大部分的人都能说出一两件为调整生活方式而做出的改变。这些改变或许不起眼，但它们也是非常重要的。

正因为做出改变是困难的，所以减少一些会起反作用（或没有裨益）的行为，仍然是非常有用的。小的改变能拉近你和目标之间的距离，减少可能对自己造成的伤害。想百分之百实现目标是要花时间的，而且即使无法实现也没关系，重要的是得付出努力。

举例来说，**埃玛**往全城的餐馆都投了简历。**杰克**每周会拿出三个早上提前起床出去散步。**胡安**给妈妈打去了电话，告知自己的决定并得到了她的反馈。**洛琳**同意去一趟得克萨斯，在女儿家附近看几处公寓。**谢丽尔**决定每天要少抽一两根烟。

建立价值观

在练习 5.7 和 5.8 中，我邀请你思考一下价值观是如何影响行为和选择的。当我们衡量不同的目标或决定时，价值观能帮我们认清什么才是最重要的。辨别并界定哪些价值观是最高价值观，是理解这些价值观所扮演角色的第一步。让我们一起去杰克和洛琳的价值观世界里一探究竟吧。

有两个价值观，是杰克毫不费力就能辨别和解释的。第一个就是"家庭"。他深信必须做一名忠实的丈夫，做孩子学习的榜样。如果没有家人，他的生活将会是另一番面貌。父母离异的杰克是在两个家庭中长大的，他还记得自己要极力遵守两套不同的规则，而且继母怨恨杰克利用周末和假期与父亲相处，因此对他区别对待。对杰克来说，和妻子、孩子共同拥有一个充满爱、稳定的家庭，是最重要的价值观。"工作"对杰克来说也很重要。他相信努力工作的意义，并把自己的重心和精力都放到了工作中。杰克的父母都是外出工作谋生，他们教会了杰克很好的职业道德。

洛琳一直认为家庭是非常重要的。不管已故的丈夫还是女儿有什么要求，她总是竭尽全力予以满足。她的整个成年生活都花在了照顾丈夫和女儿上，放弃了对事业的追求。到了如今 85 岁高龄，她开始重视稳定性。洛琳和丈夫曾经四处搬迁，他们期待着退休后能过得轻松一点儿。虽然有时也想念女儿，但她知道女儿有自己的家庭、事业，生活非常忙碌。

相互冲突的价值观

价值观指导着我们的决定和行为，但它们之间也会发生冲突。以洛琳的情况为例，虽然家庭是她最为看重的东西，但她也非常重视稳定性，这也就意味着她可能不会选择搬到离女儿家近的地方去生活。这些相互冲突的价值观，令她在搬家这件事上异常难以抉择。

在面临一些艰难的抉择时，我们未必总能平衡所有的价值观。有时为了避免陷于停滞，我们不得不选择一个价值观，而抛弃另一个。

虽然对每个可能的选择做一番利弊权衡是非常有帮助的，但是我们必须为每一项益处和后果赋予一定的指导价值，来弄清楚什么才是最重要的，这一点非常关键。洛琳重视稳定性，她已步入暮年，不想在一个新的地方重新开始，去逛新的杂货店，结识新的朋友，不想开车沿着陌生的马路去看陌生的医生。然而，洛琳在亚利桑那州毕竟没有可信赖的依靠。她的朋友们也都渐渐苍老，有的也搬去了成年子女的家附近居住。洛琳经常找不到人一起吃饭，女儿一家每年只来看望她两次。她越发觉得孤单和与世隔绝，越发迫切地想和家人建立起更紧密的联系。哪个价值观更重要？洛琳必须做出抉择。

调动你的优势力量

许多咨询模式和干预调解，采用的都是以优势力量为基础的方式。什么对你管用？你的优势力量有哪些？你能做到些什么？了解这些，将帮助你树立信心，实现改变。

优势力量（strengths）指的是一些特色性的和个人化的因素，比如积极的自我尊重、健康的思维模式、应对压力和不良情绪的能力，以及生命意义和人生目标等。所有这些因素都能帮助你获得更健康的效果。

那么该如何评估我们的优势力量呢？要是应聘时被问到这个问题，你可能会口若悬河说得头头是道，特别是那些从别人那儿听到的。这些优势力量又能给你带来哪些益处呢？或许还有一些你没想到的力量，找到它们或许能增强你的自信心。发掘现有的力量，识别那些能帮你提升改进的新方法，将帮助你在实现目标的路上战胜各种挑战。

调动你的资源

我们曾在第一步讨论过一些外部障碍。类似经济条件、社会支持、社会文化、环境和规范等约束性因素，都有可能成为我们逐梦路上的拦路虎。但是，你也能从这些领域获得力量和资源。你的支持体系和优势力量，都可以成为你成功实现转变的风向标。分辨谁是支持者，弄清楚他们能为你提供什么样的协助，将有助于你充分调动来自他们的支持。而识别其他那些能帮你对付困难的潜在资源，并将计划付诸行动，则能在你心中树立起希望，期待着一步步按部就班地实现目标。

第二步的练习将帮助你建立起态度、想法、信念、价值观、应对技巧、优势力量和资源。重新评估你的价值，构建你的优势力量，帮助你在成功转变的过程中建立起必要的希望和信心。一旦完成这个环节，你就能明白改变的重要性，了解自身的能力和积极特质，并且明确知道如何利用它们来面对眼前的挑战。在本书的第三步，你将整合所有这些已识别的理念和技巧，来帮助自己形成详细的行动计划，应对挫折，并弄明白持续的改变是什么样子的。

第 7 项
练习

评估目标的重要性
和你的自信心

这两项评估能帮你更清楚地
了解目标对于你而言的重要性，以
及你在多大程度上相信自己能实现
目标。

7.1：给"重要"下定义

当你考虑要做出某种改变时，有个非常关键的问题你要问问自己："做这个改变，对我来说到底有多重要？"虽然这看上去可能只是一个直白的追问，但回答起来却要费几番思量。"重要"这个词可以有很多层含义。第一步就是要弄清楚"重要"对你来说意味着什么。

写出你在第一步确定下的目标：

....

下面这些词描述的都是事物的重要性。请圈出最能体现你的目标重要性的五个词或短语。

极具价值	至关重要	紧急	关键的	严肃的
极其重要	必然的	有益	渴望拥有的	主要的
有意义	更喜欢	可接受	次要的	微不足道
会带来后果	可以忍受	有必要	值得去做的	有点儿重要
一般	马马虎虎	相当	不重要	不相关

你有什么收获？你的目标到底有多重要呢？

....

....

....

7.2：重要性衡量表

使用 1 到 10 的衡量表，可以帮助你很好地确定每个具体行为的重要性。如果能明确界定出这个衡量表的锚定点，那它的作用就更大了。所谓的锚定点，指的是不同的分数或等级所占的比重，以及不同数字所蕴含的意义。

在把目标牢记于心的同时，你可以将练习 7.1 中的描述词纳入进来，按照每个数字的重要性等级来为其创造出不同的定义和描述。举例来说，10 可以表示"紧急"，1 则可以表示"不相关"。

10.

9.

8.

7.

6.

5.

4.

3.

2.

1.

7.3：为你的目标打分

请用你的衡量表来考虑一下为目标付出行动的重要性。把评分写在下面。

我现在的得分： ....   **我的描述词：** ....

用一段简短的描述来说明你给出上述评分、选择上述描述词的理由，并解释一下为什么没有给出更低的分数。

例：我给自己打了6分而不是5分，因为我知道如果能更明智地理财，我的压力会减轻很多，而且这才是负责任的行为。我知道应该努力严格按预算来安排各种花销。

....

....

....

....

....

7.4：向着变化再迈一步

想一想，如果想把评分再提高一分该怎么做。请将你的新评分和新描述词写在下面。

我的新评分： .... **我的新描述词：** ....

简单解释一下你的评分或描述词。

例：我之前的评分是 6 分。要想打到 7 分，我得让自己更安于"别花大钱下馆子"的状态。我还需要做个更详细的计划，对已经产生的花销做好记录。

....

....

....

....

7.5：对后续方法的重要性做出评估

在第一步的最后，你已经明确了为达成目标所需要用到的五个方法。本次练习，请将这五个方法重写一遍，并使用你的重要性衡量表来为它们打分。

我的前进方法   评分

1.

2.

3.

4.

5.

凡评分达到 7 分及以上的，请在旁边画一颗星星。选择其中一个作为你迈出的第一步，写在下面，并给出你的理由。

7.6：设定你的上限和下限

在进行"评估你采取行动的自信心指数"之前，先给你的重要性衡量表设定一个上限和下限。假设你给自己打了 10 分，那就意味着采取行动是至关重要的。

如果你能顺利进行转变，那么最好的结果是什么？

但是，假设你给自己打了 1 分，那就意味着是否采取行动是无关紧要的（至少就目前来说）。

如果你无法进行转变，那么最坏的结果是什么？

7.7：给"自信心"下定义

实现改变时，你需要问自己的问题是："我真的能成功改变这种行为吗？"这句话直击你对自己能否成功改变的信心。研究表明，那些深信自己有能力获得成功的人，往往更敢于迎接一种新行为所带来的种种挑战。"自信心"这个词同样也可以有多种含义。我们接下来将弄清楚它对你的意义到底是什么。

下面这些词或可用来描述你的自信心水平。请圈出最能体现你对采取行动实现目标的自信心的五个词或短语。

坚定	有把握	怀疑	恐惧	有决心
确定	犹豫	有益	积极	动力十足
忧心忡忡	意志坚定	下定决心	次要	无关紧要
会带来结果	拿不定主意	受到鼓舞	有希望	有意图
毫无疑问	马马虎虎	不可避免	专心致志	没有希望

你有哪些收获？你对于自己能为目标采取行动有多少自信心？

....

....

....

7.8：创建你的"自信心衡量表"

在练习 7.2 中，我们曾通过创建重要性衡量表，来帮助你精确衡量出目标的重要性，同样地，创建一个"自信心衡量表"将能帮你了解自己对于采取行动实现目标这件事，到底有多自信。

请使用练习 7.7 中的词或短语，为下面衡量表中的每一个数字创建一个定义和描述词。

10 分可以定义为"下定决心"，而 1 分可以定义为"犹豫不决"。

10. ....
9. ....
8. ....
7. ....
6. ....
5. ....
4. ....
3. ....
2. ....
1. ....

7.9：为你的自信心打分

用这个衡量表，给自己采取行动的自信心打个分吧。一旦选好分数，就请写在下面。

我目前的得分： .... **我的描述词：** ....

简短阐述一下你为什么选择这个分数和描述词，为什么没选更低的。

例：我给自己打了5分而不是3分，是因为我知道怎样做预算，而且偶尔也会做一些明智的选择，例如推迟一些大额的采购计划。

7.10：向着变化再迈进一步

想一想，怎样才能把自己的分数提高一分。请把新的分数和描述词写在下面。

我的新得分： _____ **我的描述词：** _____

请为你的得分和描述词写一个简短的说明吧。

例：我给自己打了 5 分。要想提高到 6 分，我需要想些新的办法来帮自己记录下所有的开销，然后确保坚持一个月。

_____

_____

_____

_____

_____

7.11：评估你对后续方法的自信心

本次练习将回顾练习 7.5 中的前进方法。请写下前面的 5 个方法，并按照自信心衡量表来分别为其打分。

我的前进方法：　　　　　　　　　　　　　　　　　　　评分

1. ....

2. ....

3. ....

4. ....

5. ....

在评分为 7 分及以上的方法前面画一颗星星。选择一个作为你的第一步，然后将其写在下面，并说明一下选择的理由是什么。

....

....

....

....

....

7.12：重要性 × 自信心

在给自己的重要性和自信心打分的同时，请在下面找到自己所属的象限。举例来说，如果重要性是 7 分及以上，那就属于第 1 或第 3 象限。如果自信心是 7 分及以上，那就圈起第 1 象限。如果自信心打分低于 4 分，那就圈起第 3 象限。

<table>
<tr><td></td><td colspan="2" align="center">重要性</td></tr>
<tr><td></td><td align="center">高</td><td align="center">低</td></tr>
<tr><td rowspan="2" align="center">高</td><td align="center">1
最重要到非常重要

最有信心到非常有信心</td><td align="center">2
有点重要到完全不重要

最有信心到非常有信心</td></tr>
<tr><td align="center" rowspan="1"></td></tr>
<tr><td rowspan="1" align="center">低</td><td align="center">3
最重要到非常重要

有点信心到完全没信心</td><td align="center">4
有点重要到完全不重要

有点信心到完全没信心</td></tr>
</table>

如果选择的是**第一象限**，那你很可能已经做好准备进入第三步的练习了。如果还想继续探索一下自己的自信心和重要性，那就请继续进行第二步余下的练习吧。

找到自信心和希望

自信心和希望能帮助你开启改变的旅程，在面临困难和挑战时坚持下去。

8.1：构建你的自信心：自信心谈话

还记得你在练习 5.2 中，曾列出了一些无益的想法，并以自我对话的形式来消除它们吗？这里我们将"故技重演"，围绕那些于你的自信心无益的想法，来做一些改变。

无益的想法 （缺乏自信心）	有益的想法 （构建自信心）
例：我没法面对戒烟后犯烟瘾的那种渴望 例：我不知道怎样抽时间去健身房锻炼	例：我可以找些方法来让自己扛过那一阵儿，更好地应对烟瘾 例：我可以找些创新的锻炼方法，哪怕不是在健身房

8.2：过去的成功

在练习 6.2 中，你曾明确了过去一段成功实现转变的时光。试着回想一些小例子，一些最近做出的小变化的例子。下面这些小提示，能帮助你回想起曾努力改善的一些不同的方面。请把所有符合条件的填进来吧。

健康饮食：

身体活动：

组织活动（家庭、工作或学校）：

亲密关系：

与父母或孩子的关系：

职业／工作：

精神世界：

金钱规划：

友谊：

其他：

从回答来看，哪些做法能帮助你更成功地实现自己的目标？

8.3：找到希望

所谓希望，就是对未来保持一种乐观的态度，一种对未来总有好事发生的期待。不管你是要建立（即刻拥有）还是构建（逐步实现），能够对实现目标怀抱希望都是至关重要的。找到希望，关乎的是唤起已经存在的那种感受。

是什么让人们感到充满希望（大体而言）？

是什么让你感到充满希望（大体而言）？

是什么让你对做出这种改变充满希望？

CMP BOOKS

打开心世界·遇见新自己

华章分社心理学书目

扫我！扫我！扫我！

新鲜出炉冒着热气的书籍资料、心理学大咖降临的线下读书会名额、
不定时的新书大礼包抽奖、与编辑和书友的贴贴都在等着你！

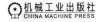

机械工业出版社
CHINA MACHINE PRESS

刻意练习
如何从新手到大师

[美] 安德斯·艾利克森
罗伯特·普尔 著

王正林 译

● 成为任何领域杰出人物的黄金法则

学会提问
（原书第12版）

[美] 尼尔·布朗
斯图尔特·基利 著

许蔚翰 吴礼敬 译

● 批判性思维领域"圣经"

内在动机
自主掌控人生的力量

[美] 爱德华·L.德西
理查德·弗拉斯特 著

王正林 译

● 如何才能永远带着乐趣和好奇心学习、工作和生活？你是否常在父母期望、社会压力和自己真正喜欢的生活之间挣扎？自我决定论创始人德西带你颠覆传统激励方式，活出真正自我

聪明却混乱的孩子
利用"执行技能训练"提升孩子学习力和专注力

[美] 佩格·道森
理查德·奎尔 著

王正林 译

● 为4~13岁孩子量身定制的"执行技能训练"计划，全面提升孩子的学习力和专注力

自驱型成长
如何科学有效地培养孩子的自律

[美] 威廉·斯蒂克斯鲁德
奈德·约翰逊 著

叶壮 译

● 当代父母必备的科学教养参考书

父母的语言
3000万词汇塑造更强大的学习型大脑

[美] 达娜·萨斯金德
贝丝·萨斯金德
莱斯利·勒万特－萨斯金德 著

任忆 译

● 父母的语言是最好的教育资源

十分钟冥想

[英] 安迪·普迪科姆 著

王俊兰 王彦又 译

● 比尔·盖茨的冥想入门书

批判性思维
（原书第12版）

[美] 布鲁克·诺埃尔·摩尔
理查德·帕克 著

朱素梅 译

● 备受全球大学生欢迎的思维训练教科书，已更新至12版，教你如何正确思考与决策，避开"21种思维谬误"，语言通俗、生动，批判性思维领域经典之作

8.4：找到启迪

　　启迪是一种帮助我们构建希望和乐观的方式。你能从哪里找到启迪呢？谁又会给你带来启迪？

　　哪些话语或景象会启迪你朝着自己的目标努力？请写在下面，或者也可以创建一个愿景板。

8.5：再思价值观

　　和练习 5.7 中的做法一样，请列出你最重要的一组价值观，然后按照从最重要到最不重要的顺序来为它们排个序吧。

　　1. _____

　　2. _____

　　3. _____

　　你是如何决定某个价值观比其他价值观更重要的呢？跟之前相比有变化吗？

_____

_____

_____

_____

_____

8.6：价值观冲突

你曾有过忽视最重要的价值观，而根据排名第二或第三的价值观出发来做决定的经历吗？有的话就把它写下来吧。

做决定之后，你感觉如何？

在考虑自己为实现目标而需采取的步骤时，这些价值观何时可能发生冲突呢？

为了实现目标，你需要把哪个或哪些价值观列为重中之重呢？

第 9 项
练习

构建你的优势力量

了解并构建你的优势力量，将
帮助你树立信心，更坚定地前进。

9.1：你已万事俱备

按照《动机式访谈法：改变从激发内心开始》的观点，很多成功改变者都具备一些共同的特征或个人特质。请从下面圈出你所符合的特质。

成功改变者的共同点				
包容性强	努力	无畏	富有洞察力	顽强
活跃	能力出众	灵活	坚韧不拔	感恩
适应性强	重视	专注	不屈不挠	细致
喜欢冒险	自信	宽容	积极	思虑周全
富有爱心	周到	有远见	富有能量	富有韧性
警觉	富有创造力	自由	虔诚	值得信任
雄心勃勃	富有奉献精神	健康	通情达理	善解人意
坚定	富有决心	富有想象力	镇定	独一无二
自信果决	执着	富有心计	可靠	势不可挡
踌躇满志	勤奋	富有才智	足智多谋	精力充沛
专注	直爽	学富五车	富有责任感	大局观
敢于冒险	实干家	善良	明白事理	人格完整
勇敢	热心	成熟	富有技巧	意愿强烈
能干	诚挚	心态开放	意志坚定	富有智慧
小心谨慎	充满活力	井井有条	状态稳定	值得尊重
快乐	经验丰富	有条不紊	平稳踏实	充满激情
聪明	忠诚	有耐心	坚强	热情洋溢

请选择两种特质，并分别描述一下你是如何展现这种特质的。

1.

2.

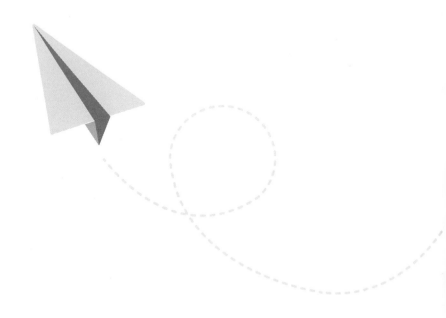

9.2：他们能看见你的优势力量

邀请一位你信任的朋友或家人，来看一看练习 9.1 中列出的特质，并从中选出一些你符合的特质，完成下面的练习。

特质：

你曾见到或听说过我做的什么事情，令你认为我具备这项特质？

特质：

你曾见到或听说过我做的什么事情，令你认为我具备这项特质？

特质：

你曾见到或听说过我做的什么事情，令你认为我具备这项特质？

9.3：建立你的优势力量

从练习 9.2 的列表中选择三个优势力量，阐述一下它们都将如何帮你实现自己的目标。

优势力量：

它能如何帮助你：

优势力量：

它能如何帮助你：

优势力量：

它能如何帮助你：

9.4：如何应对压力

我们都曾体验过压力。压力的表现很容易识别：脖子和肩膀上的肌肉变紧了，心跳变得更剧烈，呼吸也变快了，脑子里则充满了那些令人沮丧和焦虑的念头。

压力的来源有很多种。或许是因为起晚了导致上班迟到，或许在开车去学校的路上遇到一个慢吞吞的司机，横在你前面仿佛不逼得你考试迟到誓不罢休。或许你感到自己被一个毫无成就感的工作束缚住了手脚，又或许刚和一位亲密的朋友吵了一架。

但我们并非只有在遇到那些不开心的事情时才会感受到压力，有时一些正面积极的事情发生时，压力也会突然来袭。当你考虑改变某种行为方式、尝试某些新东西，或放弃某项事物时，大多也会感受到一点儿压力。

完全避免压力是不可能的。不论好坏，压力都是我们生活中的一个正常组成部分。但是即使不能彻底对压力免疫，我们还是可以掌握一些技巧来处理压力的。我们将在后面讨论压力应对技巧，在那之前，让我们先来理解一下你所感受到的各种压力，以及它们会如何干扰你目标的实现。

闭上眼睛，想象一下你最大的五个压力源，然后用简洁的描述将它们分别写在下面。

1. _____

2. _____

3. _____

4. _____

5. _____

这些压力源是如何阻碍你实现目标的呢？

_____

_____

_____

_____

_____

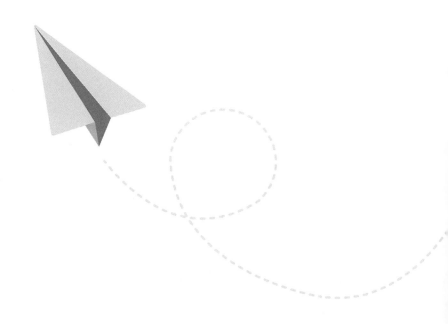

9.5：识别你的压力类型

人们普遍不喜欢压力，因为它会让我们感到焦虑、悲伤或紧张。某些极端情况下，还会消解我们应对日常生活的能力。这种情况就叫作"**负压力**"（distress），它源自生活中那些给我们的适应能力和应对能力带来挑战的各类困难，例如失业，失去挚爱亲朋等。

还有一种压力，叫作"**正压力**"（eustress）。这种压力是一种在积极性的经历中才会产生的压力，比如工作中获得晋升时可能会出现这种压力。虽然自己的付出得到认可的感觉非常棒，但是新的工作可能伴随着更多的责任，而这会让你感到焦虑。再比如，准备参加某项专门为单身人士组织的活动时，你也可能会感受到这种正压力：结识新的朋友虽然令人兴奋，但也会让人产生紧张和胆怯的情绪。

请在下面对应的位置列出你的五大压力源，并注明这种压力源给你带来的是正压力还是负压力。

压力源	正压力还是负压力
1.	
2.	
3.	
4.	
5.	

9.6：我的压力有多大

现在你已经确认了自己的压力源，明确了它们带来的是负压力还是正压力，那么现在就让我们来评估一下你的压力水平吧。请按照下面的评分标准，来为练习 9.5 中列出的压力源评分，并给出理由。

5 分：这个压力源，我一小时里会想到好几次。除了它，生活中的其他任何事情都没办法引起我的关注。一想到它，有时我会觉得胃不舒服，有时又会头疼。有时我晚上睡不着觉，就是因为脑子里一直想着它。我完全不知道该拿它怎么办。

4 分：这个压力源，一天当中我至少会想到五次，但必要时我也可以把它暂时搁置一边。有时这个压力源会导致我难以全神贯注于手上的工作。它会让我的肩膀、脖子和下颌感到僵硬。对于如何应对，我是有一些想法的，但是不确定到底该做什么选择。

3 分：这个压力源，我一天会想到三四次，但是它不会打乱我的日常生活模式。我可能会感受到轻微的肌肉紧张。对于这个压力源，我已经有了一个解决方案，而且相信最终能成功克服。

2 分：这个压力源，我每天会想到一两次。通常情况下它不会给我带来什么身体上的不适，之前我也曾成功解决过这个问题，相信这一次也能从容应对。

1 分：这个压力源，我想起它的频率并不高，每周大概一到三次。它不会打乱我的日常生活节奏，也不会给我带来任何身体上的不适。

之前我也曾成功解决过这个问题，相信这一次也能从容应对。

压力源	评分	评分理由
1号压力源	1 2 3 4 5	
2号压力源	1 2 3 4 5	
3号压力源	1 2 3 4 5	
4号压力源	1 2 3 4 5	
5号压力源	1 2 3 4 5	

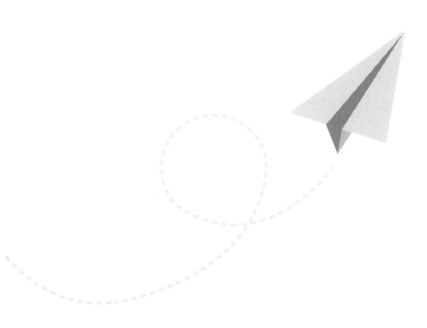

9.7：应对策略

现在既然你已经识别出了各种压力源并对它们进行了评估，那么接下来就该为那些评分4或5分的压力源寻找一些最佳的应对方法了。

大体上我们可以将应对策略分成两大类：问题导向型应对策略和情绪导向型应对策略。

问题导向型应对策略：指的是通过减少或消除导致压力的问题，从而直接减少压力的方法。其中包括：

1. 采取行动。确定一些可用来解决问题的实事求是的解决方案或行动。

2. 寻求帮助。落实一些能够协助你解决问题的社会支持。

3. 分配时间。对自己的需求所需的时间安排进行评估，然后区分其优先等级。

情绪导向型应对策略，主要关注的是减少来自问题和压力性事件的负面想法和感受。这种策略在你无法消除或改变问题或压力源的情况下尤其有用。其中包括：

1. 保持忙碌。越是让自己始终有事可做，就越少让自己纠结于问题或压力源。

2. 冥想和祈祷。通过冥想和祈祷转向自己的内心，从而在对压力和问题的关注中获得喘息的机会，其所带来的安抚作用可以持续很长一段时间。

3. **诉诸文字**。写日记能够让你有机会深入压力源一探究竟，并制定出专门的应对方案。

4. **重新评估问题**。问问自己能否看清问题的本质，从而明确压力源是否真如其表面看上去那么糟糕。这种做法是很有用的。

5. **把问题说出来**。和自己的好友或搭档聊一聊，也可以和精神导师或心理治疗师谈一谈，这么做可以使你心中对压力的各种感受得以抒发，从而令这些感受得到纾解。

请写出你目前正在使用的两条压力源应对技巧，并简单阐述一下它们是如何帮助你应对压力的。

1. _____

2. _____

请写出你目前没有使用，但愿意尝试的两条压力源应对技巧，并简单阐述一下你为什么要选择这两条新技巧。

1. _____

2. _____

请阐述一下压力管理技巧的使用将如何帮助你实现目标。

例：如果能更好地处理压力，那我就更容易找时间去锻炼，也不太可能因为压力而暴饮暴食。

_____

_____

9.8：正念

如果你平常总爱担心，那你可能会发现很难让自己的思绪平静下来。如果你正为此困扰，那正念（mindfulness）倒是可以一试，这是一种通过聚焦于当下的感受，来平复思绪和身体的方法。正念指的是透过所有感官来观察你所处的环境，并将这些观察所得诉诸语言，然后只存在于当下。这种训练有助于抚平你的焦虑，减轻压力，将重心始终聚焦到目标上面。

如果这些听上去有点令人生畏，那也不要担心——你不必完全靠自己去摸索如何保持正念。有很多技巧可以帮助你体验什么是正念，比如冥想，强调的是注意力和觉察。冥想有多种不同的形式，网络和手机小程序上有很多冥想资源能帮你迈出第一步。

请从网上或手机小程序中任选一个五分钟的冥想。做完冥想之后，请回答下面的问题：

倾听的时候，你心里在想什么？

倾听的时候，你的感受如何？

倾听的时候，你的身体有何反应？

冥想过后，你有什么感受？

正念练习如何能帮你实现目标？

9.9：成长型思维模式

心理学家卡罗尔·德韦克（Carol Dweck）发现，人们对自己的认知方式可以分为两种。一种是固定型思维模式，这类人相信他们的天赋和才能都是固定的、设定好的，因此是非常难以改变的。而另一种则是成长型思维模式，这类人认为获得改进和收获是完全可能的。因此自然而然地，拥有成长型思维模式的人，更容易在追求目标的过程中获得成功。

思维模式并不是人们与生俱来的。通过学着换一个视角来观察自身和所处的世界，你也可以发展出成长型思维模式。如果你坚信，不管过去发生过什么，你都可以学到新知，获得改变和成长，那么你就可以养成成长型思维模式。

哪些方法可以令你获得更为成长型的思维模式呢？让我们来一场头脑风暴吧！

⊛ 我可以学着

⊛ 我可以在

方面接受具有建设性的反馈，来帮助自己不断改进，从而成功实现目标。

❀ 做到 _____

_____ ，我就能面对改变路上遇到的障碍。

❀ 我非常愿意学习这些新事物：

_____

9.10：自我肯定

积极的自我对话能帮助我们树立信心，自我肯定作用尤其显著。自我肯定，就是每天将对自己和他人的正面判断一遍遍地大声说出来，或者写下来。假以时日，这些自我肯定将改变你对自己的看法和对自身能力的评价。

在这个练习中，你可以试着创建自己的自我肯定。你可以在第一列中列出自认为负面或无益的个人特质。而在第二列中，请用一种积极的方式对前面的批评进行重写。尽量不要把相同的表述反过来说。例如，如果有一条是"我不值得"，切忌重写成"我值得"。相反，可以试着写类似"我富有爱心，受人珍视"的话，来解释为什么你值得。

自我批评	自我肯定
我运动能力不强	我能够积极主动
我找不到一个人来爱我	我值得被爱

把自我肯定写在一张纸上，贴到你每天都能看到的地方。想有点创意的话，还可以用颜色和图片装饰一下。试着每天把这些自我肯定的话大声说出来几次，直到自己对这些表达感到心安理得为止。

调动潜在资源的支持

这些外部资源可以给你提供财
务资助、反馈和评估等支持。

10.1：财务和经济来源

下面是一些可以帮助你实现目标的经济来源和经济优势。请阐述一下其中每个适用的来源能给你带来哪些帮助。

收入：

工作稳定性：

工作单位福利：

灵活的工作时间安排：

工作满意度：

总体上你对财务状况的感受如何？

上述来源，你可以通过哪些方式来加以构建或增进？

10.2：社会支持和社交能力

让我们来看一下你的支持体系吧，也就是那些能让你依靠的人们，同时也评估一下你从他人那里获得和接受帮助的能力。在本练习的第一部分，请全面考虑一下他们能给你提供帮助的各种不同方式，比如财务支持、做你的好听众，或者给予你信任等。你认识的人当中，可能有的人所有这些都能做到，有的人能做到其中几条，有的只能做到一条。请在下面各项支持后面写下支持者的名字，尽你所能，越多越好。

我亲密的朋友和家人可以在以下方面为我提供支持：

金钱：

倾听：

鼓励：

重视我的能力：

定期和我交谈：

现在你已经列出了可提供帮助的名单，那么有哪些技能可以协助你去获得这些帮助呢？请将下面适用的内容圈起来。**我能够做到：**

结识新的朋友　在新的社交场合感到自在　　和许多朋友保持联系

轻松结交朋友　与人开启一场谈话　　和别人一起欢笑

当个好朋友　社交场合发生变化时能保持灵活　让别人欢笑

你对自己生活中的社交状态感觉如何？

上述社会支持和社交能力，你可以通过哪些方式来加以构建或增进？

10.3：家人的力量

要把家人视为你力量的来源。即使没有一个传统意义上的家庭，也并不意味着你无法实现自己的目标。"家人"的定义因人而异。你的家人都具备哪些力量，能帮助你实现目标呢？比如，人际关系的质量、共同遵从的价值观、共同的家庭活动和传统、处理冲突的方式，以及对家庭的忠诚等。

例：我的家人始终陪伴在彼此身边，相互之间从没有秘密。我可以指望他们为我提供帮助，当我需要倾诉的时候能静静地倾听。大多数的星期天我们都会聚在一起吃晚餐。我妈妈和我每天都会相互发信息。

你的家人力量有哪些呢？

在家人的眼中，你的优势有哪些？

你对这一方面有什么感受呢？

....

....

....

上述家人支持和家庭力量，你可以通过哪些方式来加以构建或增进呢？

....

....

....

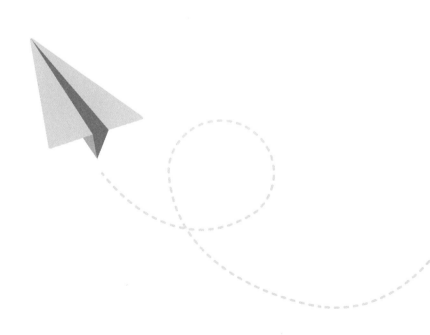

10.4：时间管理和个人建构

在实现转变的过程中，时间是你所要面对的最大的挑战之一。要想投入时间去做出改变（特别是那种眼下看来没那么有趣的转变）可能并不容易，而且要在已经满满当当的时间表中再塞进一个安排，可能会让人觉得难于登天。但是，有效的时间管理策略将帮助你掌控自己的时间计划表，为实现目标挤出所需的时间。

让我们先看一下你目前的时间安排。请将你所能想起的过去 24 小时里进行的活动尽可能全部写下来。估算一下每项活动各花掉了多少时间。

请列出你一天当中所有的活动：

假如你每天需要拿出 10 分钟的时间来开展完成计划所需的活动，那么能从哪里找到这 10 分钟呢？

每天还有哪些相关的活动是你能在 10 分钟里完成的？

....

....

....

这些活动如何能帮助你接近目标的实现呢？

....

....

....

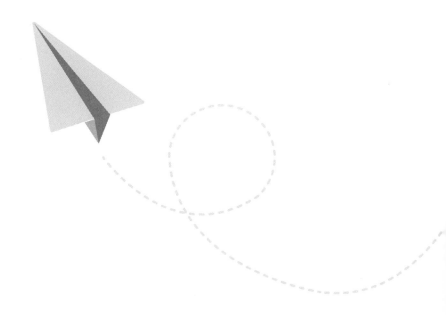

10.5：社会资源和文化资源

所谓文化，指的就是一群有着相同的价值观、信仰和传统的人。或许你会认为人种或种族是一个文化的基础，但是你很有可能同时从属于多个文化群体。这些群体有的以宗教、性别、性取向或地理为基础，有的则以崇尚同样的艺术和哲学（例如嘻哈文化或朋克摇滚）为基础。

本次练习，请以你所从属的一个文化为主，并就你所列出的该文化的各个不同方面，分别描述一下这种信仰或习俗，以及它能如何助你实现目标。

下面这个例子的目标是厘清内容，使其变得更加井井有条。

文化信仰：我的文化崇尚与他人分享的重要性。这种信仰能帮助我放弃那些不需要的物品，好让自己变得更有条理一些。

文化习俗：我们到别人家去时会脱鞋。如果我家非常干净整洁，那么客人进来时脱鞋就会舒适得多。

文化信仰：

文化习俗：

有的时候，文化是很难从内部进行窥探的。如果你对这一部分感到纠结，那可以试着问问别人，他们是如何定义自己的文化群体，以及相伴随的信仰、价值观、习俗和传统的。这样或许能给你带来一些有用的观点。

10.6：环境和情境的支持和资源

在你所从属的社区、线上、宗教场所或是家庭内外，还有哪些可利用的资源能帮助你向着目标进发？

10.7：资源的拓展

回顾一下截至目前你已经完成的这些力量和资源练习，在你看来，哪些资源会是对你最有助益的？

有哪些资源是你可以开始获取，或着手去培育并拓展的呢？你会怎么做？举例来说，如果工作单位能提供免费或打折的健身房会员卡，或者提供线上的健康指导服务，那就赶紧报名，去享受这些福利吧。

第 11 项
练习

展望和感知改变，
确定任务优先级

展望和感知你的改变能帮助你
相信改变是可能的。在改变时也需
要先完成重要且紧急的任务。

11.1：展望你的改变

　　让我们再想想你的目标吧！现在既然你已对改变做了一番探究，并思考了自己所有的优势、资源、障碍和压力，那么成功改变之后的你，该是什么样子的呢？

　　如果你能成功实现转变，那么最有可能是哪方面发挥了作用？它又是怎样起作用的呢？

11.2：现实的改变

　　你已经探索了理想中的目标。那么综合考虑你所有的优势、资源、价值观和应对技巧，你展望中的那个改变具备现实的可操作性吗？如果没有，那怎样才是现实的呢？换句话说，你需要怎样调整自己的目标，才能让它变得更现实呢？假如说你的目标是在 12 个月内还清 20 000 美元的债务。"我本来以为爷爷去世时能继承大约 10 000 美元的遗产，但是，谢天谢地，爷爷活得还好。再说，我也不知道多久才能拿到钱，而且交了税之后，谁知道到手还能剩多少呢。所以，我决定把目标修改成：把债务降低到 10 000 美元。"

11.3：感知部分的改变

现在，你已经为自己树立起了一个符合实际的、可实现的目标，但如果无法百分之百达成的话，你会有什么感觉呢？或许杰克正为实现自己的目标体重而苦苦挣扎。或许胡安决定接下总经理的职务，存钱以备日后重返校园。而埃玛决定再次试着和罗德尼一起生活，但还是会申请职业技术学院（希望自己能得到技能认证，最终搬出去住）。实现部分目标虽然不如完全实现那样充实，但你还是应该为自己已经迈出的步子而感到自豪，要知道，现在已经比刚开始时离目标近很多了。

请列出为了实现目标你所采取的行动，不管是最近还是过去。

好好庆祝一下这些小小的胜利吧！有什么方式可以让你既能好好犒赏自己的进步，又不会花太多钱，还不会破坏已经取得的成功呢？

11.4：优先序列

你每天的任务和活动是什么？不管它们看上去有多微不足道，或多举足轻重，都请把它们写在下面。

....

....

....

....

....

请将各项任务和活动列入下面的象限中：

重要且紧急	重要但不紧急
不重要但紧急	不重要也不紧急

11.5：改变也有优先序列

你打算采取哪些行动来帮自己实现目标呢？（除了练习 11.4 中列出的活动和任务之外）

让我们先聚焦那些重要且紧急的优先事项。请从你新列出的清单中选出至少一项，写在下面的表中，然后将其添加到练习 11.4 中的"重要且紧急"象限里。在开始向着目标迈进时，先集中完成这些活动。一旦要做时间计划表，你就可以参照这个清单，在完成其他象限的活动之前，先完成它们。

重要且紧急

到这里为止，你已经思考了想改变什么，为什么想改变，以及改变后是怎样一番光景，也已对自己的价值观、优势和信仰做了一番探讨。所有这些对于行动计划的准备工作来说都是非常重要的。一个巨细靡遗、实事求是的计划，将帮助你集中精力于那些对你来说最重要的东西，能令你更加享受生活，更加自信，也更加看清楚自己的方向。

第三步

建立行动计划

你，准备好了吗

人生中有些变化是令人兴奋的，比如找到一份新的工作，买下人生中第一套房子，又比如不惑之年重返校园，或者有生以来第一次写了一本自助书。对于这些变化，我们总是满怀期待地投入其中，哪怕会给自己带来一些压力。

但有一些变化却是很难实现的。比如一些长期养成的习惯，它们常给我们带来短暂的愉悦，要想改变，需付出额外的主观意识和不断重复的努力，而且很可能不会得到立竿见影的回馈。这种困难的程度因人而异。对你来说轻而易举的事情，对别人来说可能难于上青天。举例来说，大多数时间我的丈夫都能保持健康的饮食习惯。他喜欢吃烤鸡肉、沙拉和其他一些蔬菜，哪怕我们在度假，他也非常乐意抽出时间去健身。对我的丈夫来说，保持健康饮食并不总是简单而有趣的，但是那些看得见摸得着的改变，给他带来了极大的满足感，他也意识到自己从中获益良多。但是，我是一个非常挑剔的"吃货"，只吃肉和菜让我感到非常不满足。对我来说，健康饮食的好处似乎太过遥不可及。我宁愿先吃掉那块儿曲奇饼，以后再想健康的事儿。虽然非常明了内心的纠结，但我还是很想改善自己的健康状况的。或许现在我还没有准备好，但是将来有一天，我会的。

所谓"最佳时机"是不存在的

我的时机什么时候才来呢？这句老生常谈通常说的是爱情，但是在等待动机成形的过程中，你也可以问问自己这个问题。时机离你通常比你想象的更近。当你决定全情投入去追求自己的目标时，时机就来了。

刚结婚那些年，人们总是告诉我，生儿育女并没有所谓的最佳时机。目标面前，总会有这样那样的事情发生，我们总是倾向于把这件事往后拖，说一些类似这样的话：

* 等过了年初再说吧。
* 等过了假期再说吧。
* 等书桌清理干净了再说吧。
* 等工作没那么忙之后再说吧。

你懂的。

如果一味地等待时机的降临，那很可能只等到一场空。靠等待和希望是不能实现目标的。你需要设计一个实事求是的计划，需要拥有持续性、支持体系，并进行大量积极的自我对话。

做个计划吧

截至目前，许多已完成的计划练习都有助于你为最终的目标计划做好准备。成功的转变要求具备一个详细的行动计划，它不仅能帮助你决定做什么、为什么要做以及如何去做，还能充分利用你的各种力量、支持，让你为挑战做好准备。这件事我们不能贸然完成，无论如何都要有一个恰当的计划。

计划并不是一成不变的。计划相当于一个指南，随着过程的不断深入（或者就像我经常跟工作坊的参与者们说的那样，沿着变化之河顺流而下）你可能会遇到一些路障，需要绕个远路。当你不得不做出调整时，记得一定要保持正念，维持对计划的自觉。

按照计划行动

有多少次，你着手开始改变，结果却只落得失去动力，不得不放弃？当你雄心勃勃打算全速前进时，有可能会忘了这场旅程不是一场短跑冲刺，而是一场马拉松，你会感到疲惫，失去注意力，渐渐地就放弃了。这一次，你要给自己准备一些胶水，把自己牢牢地粘在计划上。

每天都寻求一些积极的信息。不管是在最喜欢的网站上浏览相关信息，还是读一段静心语录，每天你都可以为自己找一些小启示、小知识。

保持条理。确保每天都把自己的行动计划和一些有用的信息放在同一个地方，这样能帮助你保持专注，避免分心。否则的话，它们就会变成"眼不见，心不烦"。

始终保持大局观。你希望达成的目标是什么？为什么这个目标对你来说这么重要？你可以把这些答案写下来，也可以借助一个愿景板，来确保这些终极愿望一直呈现在你的眼前。

保持一致性。把每一天、每一周、每个月的时间都做好细致的划分，确保自己能始终专注于目标。保持一致性，并不意味着要你每天都按照行动计划上的所有任务来照表操课，而是说对特定的某些行动保持一致，这有助于你朝着目标不断迈进。

无法改变的事情，就不去操心。专注于自己能做的，以此来应对压力，照顾好自己。

给自己一点信心。你也只是一介凡人，不要事事苛求完美，要对挫折做好充分的思想准备。回想一下已经取得的那些成绩，已经完成的那些步骤。重要的是这些小的胜利。

开始前进

你已经评估了实现目标的重要性和自信心，以及所需采取的步骤。现在我们需要检查一下你的准备状态了。目标对你来说到底有多重要，你对自己实现转变有几成信心，所有这些都是帮你确定优先序列的重要因素。这个过程通常关乎一种紧迫感。我想让你感受到一种"得做点什么"的紧迫感，不一定非得是大事，也不一定非要做许多，但一定是你真正想做的。

一些小的转变，能帮助你实现心之所想。与其想着"没有痛苦就没有收获"，不如慢慢来，脚踏实地，步步为营。第一步就是确定一个起始日期，让自己从精神上对于计划付诸实施这件事做好准备。本书的这一部分，将帮助你做好准备。

步子要迈小，目标要"SMART"，期望要现实

有效的目标，通常符合"SMART"标准——具体化（specific）、可量化（measurable）、可实现（achievable）、相关性（relevant）、时限性（time-bound）。

具体化的目标能清晰地表达你想达成的目标，这会让你更有动力。你想实现什么愿望？它为什么重要？举例来说，埃玛可能会说："我想拿到一个医疗账单和编码的技术证书，好找一个带福利的全职工作，然后自力更生地生活。那样的话我会对自己、对未来更有把握，更有安全感。"

可量化的目标能帮你在过程中完成对自己的评估。看清那些小的成功果实，对于保持动力和方向来说是至关重要的。你会怎样衡量自己的进步呢？想想有哪些行为和动作，能显示出你在朝着目标迈进。举例来说，埃玛可以先完成经济资助的申请，顺利加入医疗账单培训项目中，然后选择一个具体日期去登记选课，所有这些都可以被视为"可量化的进步"。

可实现的或者说可获得的目标，必须是符合现实的。在第二步，我曾请你思考一下自己的目标是否符合现实。如果你的目标需要依靠别人（比如一次升职）或者依靠环境的变化（比如得到某个新的工作）才能实现，那么控制你能否成功的就是别人。举例来说，杰克虽然每天下班后都想散散步，但是如果他经常加班，回家很晚，那么这个计

划能否成功，就取决于他的老板能否让他早点下班。所以杰克更能控制的可能是自己的饮食习惯。

目标的相关性，能确保最终的结果对你来说是有意义的。 请回想一下第二步的重要性练习吧。如果目标对你的意义比不上对于别人的意义，那么它很难帮你保持动力。此时此刻是正确的时间和地点吗？它值得我付出努力吗？举例来说，相比于改善饮食习惯，虽然杰克更喜欢锻炼健身，但是对于他的妻子来说，通过改变饮食结构来降血压、减体重，是非常非常重要的。专注于饮食习惯的改变对自己来说重不重要？这将是杰克必须抉择的。

目标的时限性，涉及的是时间线或截止日期。 你认为需要花多长时间才能实现目标？你能在六个月里完成哪些目标？如果是六周呢？如果是今天呢？举例来说，杰克可以设计一个符合实际情况的减重计划，再以此为基础，将减重目标分解成几个阶段，比如可以先设定一个一年减 35 磅的总目标，然后再分解成每三个月减 10 磅的小目标。

保持前进

持续向前，保持进步，这听上去像是一条直线上升的发展路线。做对的事，按照"SMART"计划行事，你就能实现自己的目标。但即使你的计划巨细无遗，也还是难免会受挫，这是正常的。要为挫折做好心理准备，一旦挫折发生，你就有必要重新思考自己的计划，做到这一点非常重要。挫折并不意味着放弃，也不能证明你的计划是不切实际的，所以遇到挫折不要慌张，能重回正轨才是最重要的。

凯拉是我的一位老朋友，四十多岁了依然深受体重的困扰。生了三个孩子之后，她一度增重75磅。当凯拉下决心改变时，她把这段路程的目标设定为健康，而不是一副完美的身材。现在的她成了一名教练，通过一个线上的食物和健身项目来和大家分享她所经历的起起落落，希望能给人们带来一些启发。她的减重并不是短期内的大幅下降，但是在过去的两年里，她一直在坚持，即使过程中遇到了一些麻烦，她依然能重新振作起来。这种改变是惊人的。在下面这段话中，她跟我分享了自己所经历的最严重的一次挫折，以及她是如何重回正轨的。

母亲的去世是我所经历的最大的挫折。以前我是一个情绪性进食者，而死亡则是终极情绪激活因素。母亲刚去世那段时间，一碰到节假日，我就让自己回到过去那种暴饮暴食的状态中。

能重回正轨的关键是跑步，还有就是加入一些责任小组和互助小组。他们帮助我调整了方向，让我产生了一种被接纳的感觉。我做了大量的思考，思考我的动因，一旦想做不健康的决定，我就让自己专注在这一点上。置身于一群志同道合的人中间让我产生了一种群体归属感，这也是非常要紧的。

计划之外

有时候，开始着手做，仅仅是贯彻行动计划所需克服的第一个障碍。要想在实现目标之后依然保持专注，就需要发展一系列能够维持改变成果的技巧。在我处理成瘾问题期间，有的客户喜欢将他们需要保持戒瘾的那种思维模式描述为"意志力"。我不是很喜欢这个概念。希望通过本书的阅读和实践，你已经意识到，要想成功实现转变，你所需要的可不仅仅是意志力而已。技巧、优势力量、资源和备用计划无一例外都很重要。在这场以改变为目标的旅程中，你必须充分利用你身边的一切资源，这一点至关重要。

到了一定的阶段，事情就会变得容易许多。这些技巧成了你的第二天性。但是保持思考、自觉意识到自己的目标和已付出的努力，将是需要终生执行的实践。举例来说，我这个人非常健忘，短期记忆一直很糟糕，对此我的一个应对技巧就是每次都把东西放到它们专属的地方。我努力让自己保持前后一致，井井有条，免得费劲地去记钥匙放哪儿了，手机放哪儿了，最喜欢的那件运动衫又放哪儿了。我还会把这些事情都写下来。有时候可能需要停下手里的工作，在待办清单或购物清单上记下点儿什么。当然了，之后我还得想想刚才在做什么。

你的支持体系

为自己的改变计划负起责任，也就意味着你要着手发挥你的优势力量了。但是如果能利用好身边的资源，特别是你的支持体系，那你就不需要独自面对这一切了。通过第二步，你已经明确了自己所具备的资源和支持，思考过如何让它们发挥作用。身边有一些重要的人来帮助你强化目标，这一点有着非常积极的影响。如果先同他们设定一些基本规则的话，会更有帮助。

1. 他们应该巩固和赞扬你的成功，而不是惩罚你的失败。
2. 他们应该支持你的独立自主性（即你拥有自己做决定的权力）。
3. 明确目标和即将采取的行动，永远都是你的责任。

归根到底，选择谁来帮助你取决于你自己。你可能需要和支持体系中的某些成员设定一些界限，以确保他们不会跟你对着干，也不会对你所想要、所需要的帮助产生什么误解。谁能参与到你的目标和行动计划中来，由你决定。

找到你的社群

虽然家人和朋友能给你带来非常好的支持，但是如果能找到一群和你同病相怜的人，比如互助小组，也会非常有帮助且有启发性。不管是在网上交流，还是线下面对面的交流，都要多去寻找一些这样的资源，来帮助你找到能一起分享这段旅程的人。研究显示，与人分享自己的成功，不管大小，都是大有裨益的。当你看到朋友不厌其烦地在网上晒自己烹饪或者健身的点点滴滴，或者他们戒瘾多少天多少个月时，或许你会非常反感，但这对你的朋友来说却是非常具有正面意义的。这会增强他们成功转变的信心，并帮助他们时刻记得自己的目标，同样还能强化他们的行动，使之坚定地朝着目标前进。

你可以多借助各种不同的资源来找到自己的社群。可以通过社交媒体或者其他一些网站来寻找线上小组，也可以在当地找一些面对面的互助小组或课程。你可以试着把转变的过程变成自己的爱好。

如果你准备好了，那我们就开始着手创建一个具体的行动计划吧。到这一步结束时，你将做好一切准备，可以把计划整合成一个单一的、整体性的方案。

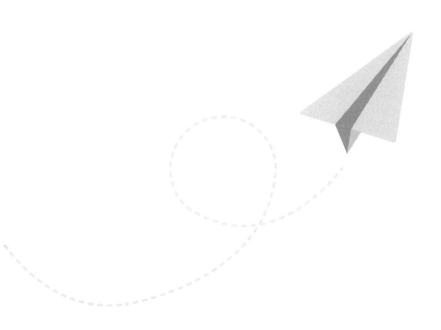

第 12 项
练习

量化目标和任务

清晰地知道自己的目标和需要
完成的具体任务，可以帮助你更好
地规划目标和追踪进展。

12.1：现在，你在哪儿

在第二步，你已经使用练习 7.2 和 7.8 的衡量表，确定了自己的自信心指数和重要性指数。现在让我们用同样的体系，再来衡量一下你的准备指数吧。首先，请为你目前朝着目标所取得的进步写一个总结。其中要包括你想改变的原因，以及目前这个阶段所遇到的阻碍。

根据你自己的反思，为你目前可以采取行动的准备指数打分。

1	2	3	4	5	6	7	8	9	10
没准备好		稍有准备		中立		准备好了			完全准备完毕

12.2：做好准备

我们来玩个"魔鬼代言人"的游戏。想象一下坐在你对面的，是内心那个对改变不感兴趣的你。你会怎样去说服那个自己该着手改变了呢？

赞成改变

反对改变

12.3：让你的目标可量化

在第一步，你选出了一个自己愿意追求的目标。下一步就是将那个太大的目标缩小成一个具体的、可观察和可量化的目标。对目标进行仔细的调校，将保证你得到自己想要的结果。

假如你的原始目标是"我希望形象能变得更好，感觉更好，更有能量"。

如果采用"SMART"原则，我们将得出一个更具体的目标："我希望能减掉一些体重，好让衣服更合身。"

1. **具体化**："我希望能减掉一些体重。"这个目标简单且有意义。

2. **可量化**："我希望能减掉 20 磅。"为了让目标可量化，我设定了具体的减重目标。

3. **可实现**："我希望首先在接下来的两个月里减掉 10 磅。"为了让这个目标可实现，我设定了一个更现实的短期目标，而不是设定一个不太可能实现的夸张的目标。

4. **相关性**："我真的希望能在接下来的两个月里减掉这些体重，这样我的减重计划就能在假期开始前步入正轨。"这个目标是与我息息相关的，因为它符合实际情况，且对我非常重要。

5. **时限性**："我希望能在接下来的八周里减掉 10 磅。"这个目标现在具有了时间限制，因为我明确了自己将为其付出的具体时间。现在，这就是一个"SMART"目标。

接下来对你的目标如法炮制一番。请使用"SMART"指导原则，在下面重写你的目标。

12.4：明确迈向目标的步骤

写出一个具体而可量化的目标，是成功实现转变的至关重要的第一步。目标为你的旅程设定了终点，但没有明确为抵达这个终点需采取哪些行动。

让我们再看一下之前举例的那个目标："我希望能在接下来的八周里减掉 10 磅。"虽然这个目标很好地设定了终点，但它并没有列出抵达终点所需要采取的具体行动。要想弄清这一点，需要就"怎样才能帮助我们用两个月的时间减掉 10 磅肉"这件事儿，来做一番头脑风暴。

头脑风暴的过程没有对错可言，你只需尽可能多地想出可能的解决方案即可。它们可以不完美，你甚至不必喜欢它们。在头脑风暴之前，你需要做一些调查研究，或者也可以先列出一些想法，随后再调研。重点在于，要让自己对所有可能达成目标的方式，逐一做一番思考。

下面是对"八周减掉 10 磅"进行头脑风暴的可能结果：

1. 开始一个散步计划；

2. 开始一个跑步计划；

3. 参加一些团体型运动（比如垒球、篮球、网球等）；

4. 少吃些碳水化合物；

5. 少吃些脂肪；

6. 尝试一下生酮饮食；

7. 少摄入一些卡路里；

8. 增加每日的步数；

9. 多干些庭院杂活儿；

10. 记一个食物日志。

来一番头脑风暴，列出十项为达到目标所能采取的行动，并写在下面。从 1 分到 5 分为每一条打分。1 分代表你对是否采取这项行动并不是十分肯定或者情愿，5 分则代表你对能采取这项行动非常自信。

行动 打分

1. _____ _____

2. _____ _____

3. _____ _____

4. _____ _____

5. _____ _____

6. _____ _____

7. _____ _____

8. _____ _____

9. _____ _____

10. _____ _____

12.5：为你的目标建立目标任务

现在你已经确定了为实现目标而愿意采取的十项行动，下一步就要把它们转化成可量化的目标任务了。

和目标一样，目标任务也应该是具体的、可量化的、可实现的、具有相关性且具有时限性的。比如下面的这个例子。

目标：我想在接下来的八周里减掉10磅。

目标任务1：在接下来的八周里，我每天早上都要称重，并且记录到日志里。

目标任务2：在接下来的八周里，我每天都要把吃的所有食物记录在日志里。

目标任务3：在接下来的八周里，我要把每天摄入的热量控制在1800卡路里以内。

目标任务4：在接下来的八周里，我每周都要进行4次2英里[⊖]的散步。

目标任务5：在接下来的七天里，我会预约一位私人教练，请他帮助我制订一个锻炼计划。

⊖　1英里≈1.6093千米。

我们来对你的目标也做一番分解吧。请将目标写在下面，然后明确五项你觉得最有信心能实践的目标任务或行动，让它们来帮助你实现目标。这将成为你的行动计划。

目标：

目标任务 1：

目标任务 2：

目标任务 3：

目标任务 4：

目标任务 5：

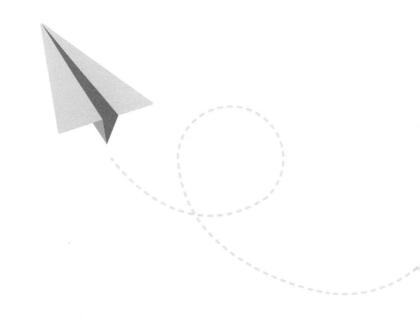

给自己一些奖励

实在的、有意义的奖励可以给
予你积极的反馈和肯定，增强你继
续前进的意愿。

13.1：奖励是改变的诱因

当你试图改变某个行为时，有一件事很重要，那就是要明确一旦目标实现，你打算如何奖励自己。实实在在的、有意义的奖励，能强化你所渴望的那种行为，激励你不要偏离目标。

在接下来的几个练习里，我们将探讨你所看重的奖励都有哪些，以及如何将它们纳入你的计划中。

请为"如果我能坚守目标，我会这么做来奖励自己……"这句话列出五种结尾：

1. _____

2. _____

3. _____

4. _____

5. _____

13.2：奖励和"实物"

当你思考如何奖励自己时，通常会想到一些实物，比如吃的、金钱、新衣服、运动器材或者电子产品。请复习一下你在练习 13.1 中完成的奖励清单，选出其中的"实物"项，并列在下面。我们这里需要列出五项"实物"奖励，你可以随意添加到清单中。

1. _____
2. _____
3. _____
4. _____
5. _____

关于"实物"奖励，有一条规则需要记住：一定不要选择那些与你的目标相冲突的奖励。比如，如果你的目标是"在接下来的 30 天内严格按照预算来消费"，那就不能奖励自己下馆子吃一顿昂贵的大餐，因为那与你提升理财能力的目标背道而驰。同样地，如果你的目标是"在两个月里减掉 10 磅"，那么奖励自己一顿大餐，将会削弱你已经取得的改变。

请再看一遍你的奖励清单，把所有可能妨碍目标的条目尽数清除。

13.3：来自你所看重之人的奖励

当然了，实物并不是唯一有价值的奖励。有时候，最好的激励是别人认可了你的努力之后所给予的鼓励的话语。请再看一下练习 13.1 的奖励清单，从中选出类似"所看重之人的赞美或认可"的条目，将它们列在下面。你需要列出至少五条来自你所看重之人的奖励，所以尽可以对清单进行扩充。

一定要在清单中提到你所看重之人的名字，与你的关系，以及你希望获得什么样的肯定。

名字	与你的关系	肯定
1.		
2.		
3.		
4.		
5.		

13.4：奖励：事件和活动

另一种常见的奖励形式是事件和活动。举例来说，在坚持早起锻炼一个星期之后，周六早上睡个懒觉，可能就是一个很好的奖励。又或者，如果你的目标是拿出一整个星期来为期中考试做准备，那就可以奖励自己周五晚上和朋友一起喝个咖啡之类的。

再来复习一下你在练习13.1中完成的奖励清单吧，挑出其中的事件和活动，将它们列在下面。我们需要列出至少五条"事件和活动"型奖励，所以尽可以对清单进行扩充。

1. _____
2. _____
3. _____
4. _____
5. _____

13.5：缩小奖励的范围

在前面的三个练习中，你已经明确了能帮助你专注于目标实现的15条潜在的奖励措施。那么最后一步，就是从中进一步筛选出五个有意义的、实实在在的奖励。

你需要考虑的因素包括：

1. **你具有及时获取这些奖励的资源吗？** 短期性的奖励通常都是触手可及的，但是一些长期性的奖励，通常包含很多因素，例如金钱、时间自由，而且可能需要花些时间去规划。举例来说，如果你给自己的奖励是睡到自然醒，那就要看看自己的日历，在未来的一两周之内找出能允许你睡懒觉的一天。如果你的奖励措施是去欧洲度假，那就需要更多的时间来为旅行存钱，同时还要找到度假所需的时间。这两种奖励形式都可以给你带来非常积极的动力。一定要弄清楚每项奖励措施分别属于哪种类别。

2. **你愿意保留这项奖励吗？** 不要选择那些日常生活中具有功能性、基础性的事情。例如，如果你的车需要保养，那就不要把这件事和目标完成情况挂钩。相反，现在就应把车拿去保养，然后再选一个更让你开心的目标。

3. **这份奖励重要吗？** 强有力的奖励能激励你继续努力，保持专注。不要选择那些定期会去做的事情，比如给自己买杯软饮料来喝，或者查看一下社交媒体账户等。一定要选那些真正让你感到特别的事情。

请将你排名前五的几项奖励或激励措施列在下面，其中要至少包含一项长期性奖励措施。

1. ....

2. ....

3. ....

4. ....

5. ....

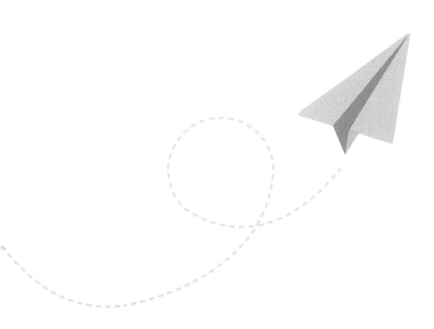

第 14 项
练习

帮助你坚持目标的
一些方法

尝试这些方法将帮助你保持改

变的动力。

14.1：有条不紊

如果你想成功，想让自己动力满满，那么建立条理性是至关重要的。如果你本身的条理性已经非常好，那这一部分会简单很多。但是如果你总是信马由缰，天马行空，那就需要费点功夫了。

下面说一些提升条理性的基本步骤：

1. 选一个特定的地点，作为你固定存放行动计划的地方，此外还可以放一些跟锻炼等主题相关的信息。这个地点可以是家里的一个固定地方，也可以是线上的一个特定文件夹。

---

2. 列一个能帮助你提升条理性的待办任务清单。想想看，有哪些活动可以帮你令某个特定空间保持没有杂物，并且保留一块区域，你每天可以在那里专注地思考一下自己的行动计划。

14.2：每天探索积极信息

持续稳定的积极信息输入，对于保持专注来说是至关重要的。你可以每天都查询一些能帮助自己学习新知识的信息，强化自己对目标的信念。仔细想想看，哪些特定的资源能帮你把心思专注在目标和任务上，哪些教育资源能帮助你更好地了解自己的目标，或者能给你一些关于成功的小提示。探索一些可能的资源，然后将其中你想尝试的一些具体资源列出来。举例来说，如果我的目标是训练我的狗，那我就会把有关宠物训练的书籍名称列在我的信息清单上。

网站（新闻类、   智能手机   书籍   报纸
教育资源或博客）   小程序

电视节目   杂志   社交媒体

可供我使用的具体资源：

14.3：终极愿景和根本原因

还记得我们为了展望终极目标所做的那些工作吗？坚持梦想，也是你保持动力的一个关键因素。让我们再次回到你的终极目标（或者说终极愿景），以及你想实现这一目标的原因。请将它写在下面的云朵里面。

例：我想获得独立，照顾好自己，不再害怕我的男朋友，因为我值得拥有更多。我配得上一个追求美好生活的机会。

14.4：掌控

即使你已经非常努力地规划自己的方法，保持专注，但仍然有些因素是超出你的控制范围的，会给你的进程带来影响。专注于那些你能合理控制的事情，不能控制的则及时放手，这样做将帮助你保持专注力。

例：无法控制： 对于我报名医疗账单课程这件事，我男朋友会做何反应；取得资格证书后，我多久才能找到一份工作；对于我的资助申请，学校会做何决定。

可以控制： 确保申请所需的所有表格都填写正确；男朋友贬低我的进取心时，要为自己挺身而出；按时进班上课；负责任地学习和做作业。

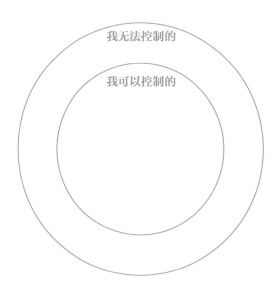

14.5：从小事开始

想一想你的"SMART"目标和目标任务。如果试图在生活中引入许多大的新变化，那么迎接你的很有可能将是失败。相反，你可以试着把一些大的任务分解成若干个小任务。

都有哪些小任务呢？来一番头脑风暴吧，想想可以从哪些小事开始，然后以此为基础，逐渐增强你的自信心。

目标任务	想法
目标任务：我要把每天摄入的热量控制在 1800 卡路里以内	我要在冰箱里放满又好吃又饱腹的健康食物 我决定自己愿意暂时不吃哪些高脂肪、高碳水的食物

14.6：保持一致

创建一个日程表，其中要包含一些一致的时间来让你专注于自己的目标计划。纵观截至目前已经完成的所有练习，有哪些活动是可以持续去做（不一定非得每天都做），从而让自己保持专注、保持动力的呢？

例：每天早晨冥想五分钟

选一天，投入一项具有积极意义的行为或步骤

选一天，或定个时间线，来奖励自己的进步或成就

每天结束时拿出点时间来关爱一下自己

_____

_____

_____

_____

_____

_____

或许你的生活方式很难精准地按照日程表来执行，那就先从一个能执行的日程表开始，看看各种与目标相关的任务或活动该怎么安排才合适。要把工作、教育、家庭时间、三餐、睡眠和卫生习惯等因素都考虑进去。

上午 4:30～6:00	起床，称重，喝咖啡，和丈夫散步 3 英里
上午 6:00～6:45	淋浴，更衣
上午 6:45～7:00	读一段自我肯定的文字，在社交媒体上搜索一些跟减重有关的具有启发性的文字，定下今天的计划
上午 7:00～7:30	准备午餐便当，叫孩子起床，准备上学
上午 7:30～8:00	送孩子去学校，然后开车去上班
上午 8:00～中午 12:00	工作，喝水
中午 12:00～12:30	健康午餐
中午 12:30～下午 3:00	工作，喝水
下午 3:00～3:30	去学校接孩子放学回家，和孩子聊一聊今天的学校生活
下午 3:30～5:00	散步，喂狗，线上工作
下午 5:00～6:00	做一顿健康的晚餐，打扫厨房
下午 6:00～晚上 7:30	线上工作
晚上 7:30～9:00	和家人一起放松休闲，写食物日志
晚上 9:00～9:30	准备上床睡觉，在社交媒体上搜索一些信息和灵感
晚上 9:30～早上 4:30	睡觉

上午 6:00 ～ 7:00

上午 7:00 ～ 8:00

上午 8:00 ～ 9:00

上午 9:00 ～ 10:00

上午 10:00 ～ 11:00

上午 11:00 ～中午 12:00

中午 12:00 ～下午 1:00

下午 1:00 ～ 2:00

下午 2:00 ～ 3:00

下午 3:00 ～ 4:00

下午 4:00 ～ 5:00

下午 5:00 ～ 6:00

下午 6:00 ～晚上 7:00

晚上 7:00 ～ 8:00

晚上 8:00 ～ 9:00

晚上 9:00 ～ 10:00

14.7：支持体系立规矩

你已经在第二步中明确了自己的支持体系，也就是有哪些人是你可以信任的，并且列出了他们可能帮到你的一些方式。现在你已经更清晰地规划了自己要采取的行动，那么再回过头去看看支持体系清单，做一些必需的添加和修改吧。

谁	如何帮到你
丈夫	同意不让垃圾食品进家门，和我一起散步

14.8：社会体系定边界

有些人可能无法如你所希望的一般帮助到你。当你开始采取行动时，谁无法给你提供帮助？这些人不相信你，甚至希望你失败。那么你需要和他们（或者说和自己）设定哪些边界呢？

举例来说，虽然你已经明确告知丈夫，为了减重，你希望尽可能在家里吃饭，但他还是很喜欢并且经常提议去外面吃饭。

谁	我该如何与他设立边界
丈夫	推荐一些可以在家吃的健康食物，而不是出去吃

14.9：找到志同道合的社团

我们曾讨论过，在追求目标的过程中，拥有共同的文化、兴趣或其他因素的群体可以成为你至关重要的支持体系。那就让我们集思广益，想想有哪些社团可能跟你的目标产生关联。

线上支援 / 论坛：

生活区域内的互助小组：

兴趣爱好小组：

项目或设施：

其他：

那么在你所能想到的所有这些潜在的社团中，哪些对你最有吸引力呢？

你需要采取哪些行动或方法，来与这些社团建立联系呢？

第 15 项
练习

回顾与总结

在这次改变的旅途中，你有怎
样的收获？及时回顾与总结，能帮
助你发现有效和需要改进的策略，
更好地把握前进的方向。

15.1：结果可视化

当你看着自己的行动计划和时间线时，最终的改变结果看上去会是什么样子的呢？一路走来，它又会给你带来什么样的感受呢？

想象一下三个月之后的自己吧。

我看到自己坚持计划并按部就班地执行，去上医疗账单课程，去餐馆上班。我的男朋友要么已经接受了我要上学这件事，要么就是我们已经不在一起了。我花在外出喝东西上的钱越来越少，而待在家里做学校作业的夜晚越来越多了。

想象一下六个月后的自己。

我和朋友们相处的时间更多了，可能此时已经和男朋友分了手，和一位朋友住在一起，好省下钱找新的住处。医疗账单课程已经进行了一半，我学得还不错。

想象一下一年以后的自己。

我已经完成了资格认证，开始申请一些医疗出单员和编码专员的工作。能脱离餐饮业我感到非常兴奋，现在我已经找到了一份收入好、有福利的稳定的工作。

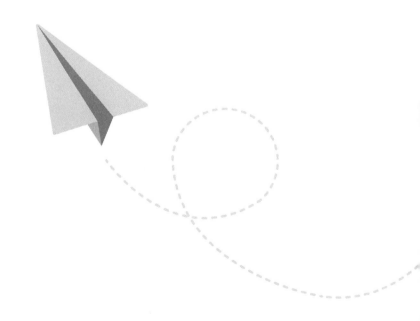

15.2：有益的理念

通过本书的练习，你一定收获了很多的能力、技巧或理念，那就请把那些对你有吸引力的写在下面吧，并按照从最有用到最无用的顺序为它们排个序。最有用的，往往是那些你对其最有信心，或者你觉得能为你带来最大收益的。

能力、技巧或理念	排名
从小事开始	2
启迪（制作一个愿景板）	3
正念（每天拿出时间厘清我的思绪，制订计划）	1

15.3：自我观察

当你努力为自己创建一个具体而详细的行动计划时，可以拿出至少一周的时间来观察你想改变的那种行为，并坚持记日志。这个办法在你发现自己难以将计划付诸行动时也非常管用。它能让你更加深刻地洞察自己的生活方式和习惯，从中发现一些可以改变的模式。例如，你可能会发现，喝酒的时间越早，就会喝得越多。

这种方法能让你意识到在眼下的生活中，哪些是行得通的，哪些是行不通的，从而对计划起到强化作用。

请每天坚持写下一天当中自己的若干观察结果，然后回答下列问题：

你是何时开始出现这种行为或情况的	你的内心和周遭都发生了什么
我发现自己会感到焦虑，厌倦坐到电脑前面	我经常感受到找东西吃的诱惑，但仅仅是因为无聊

15.4：机遇前的障碍

虽然我们不能阻止所有潜在挫折的发生，但做好准备还是可以做到的。其中一个非常有效的准备措施是在障碍发生前就对其做好分析。

你可以从一个障碍入手，但对于可能遇到的所有障碍，都尽可以如法炮制。

请描述一下最令你对实现成功的概率感到担心的情景或导火索。

例：过去的朋友会诱惑我和他们一起酗酒。

请识别心中那些于你无益的想法。

只此一次，无伤大雅。感觉会很爽，我也可以玩嗨一次。

当你想到这一情景时，是什么感觉？

焦虑、兴奋，因为要放弃而感到悲伤，有无力感。

这种情景真正发生的可能性有多大？

非常有可能。人们不喜欢看到我忘掉过去往前走，不希望我变好。他们知道我住在哪儿。

如果真的发生的话，会有什么后果？

我会失去几乎所有我所努力奋斗的东西。可能会丢了工作，或者压根儿就找不到工作，因为我没有多余的精力去准备面试。我的家人会对我失望，前任可能会不允许我探望孩子们。我无法回归正常生活的风险会更高。

你可以通过哪些表态来处理这些想法和感受？

我要记住，我可以让那些人走开。克制喝酒的欲望，将帮助我避免出现不想要的后果。

你可以采取哪些行动？

如果过去的朋友出现，我会叫他们离开，告诉他们我已经不喝酒了。我可以屏蔽他们的手机号，或者给自己办个新手机号。我还可以打电话找别人来支援我。如果担心过去的朋友再回来找我，或许可以离开家去别的地方待一会儿。

描述一下这种情况如何能变成你成长的契机。

每当我必须拒绝酒精的时候，这么做都能帮我增强自信心。我可以学会耐心，也会意识到要让人们了解我在改变，是需要时间的。

该你了。

情景 / 导火索：_____

_____

_____

想法：_____

_____

感受：_____

_____

可能性：

后果：

表态：

行动：

15.5：变身计划

终极目标：我想再次获得对生活的掌控权	
理由 因为成瘾问题，我已经失去太多了。如果现在重新开始，或许我还能和我的孩子、父母、我兄弟及他的家人重建新的关系	**社会目标** 戒酒，戒瘾

行动	
1. 培养其他兴趣爱好，如绘画 2. 把公寓里和车里的所有酒统统扔掉 3. 把我认识的所有酗酒的朋友的电话号码统统屏蔽掉 4. 告诉家人我正在做什么，向他们寻求帮助	5. 去正规的医院接受治疗 6. 找一个互助小组，寻找一位担保人 7. 努力创建新的支持体系

支持体系	**我的资源**
❋ 参加一些酒瘾匿名者聚会，和那些理解戒瘾有多难的人多交流 ❋ 和我的医生聊一聊，从而更好地了解自己，了解导致成瘾的那些问题 ❋ 开始每天早晚给孩子们打电话或者发信息，哪怕只是打个招呼，说个晚安 ❋ 每周和父母吃一次饭，聊聊彼此的近况。我需要他们的倾听和支持，帮助我重新习惯新的日常生活	❋ 可以开车或者步行去参加酒瘾匿名者聚会 ❋ 可以保持开机状态，确保随时能打电话或者发短信求助 ❋ 我的家人都没有酗酒的问题

优势力量	奖励
作为职场人努力工作，作为父亲爱护孩子，足智多谋，执着，乐于成长和学习	❀ 多探视孩子们一次 ❀ 外出看电影 ❀ 下载一些新的音乐

想象中的改变

我感觉自己更有精神了，脑子也更清晰了。我定期参加小组活动和网瘾匿名者聚会，对必须做的事情也不再逃避。我花更多的时间和家人在一起。申请工作的时候也能集中精力认真对待

阻碍

1. 过去的朋友总想让我继续喝酒——我不接电话他们就来我家，或者我外出（比如去商店）的时候来找我等
2. 当别人不相信我在努力戒瘾时，我的反应会很糟糕
3. 体验到对酒精的渴求和欲望

重回正轨

1. 提醒自己，不必事事追求完美
2. 诚实为本，寻求帮助
3. 审视一下这个计划，看看自己是否需要拓展资源，或者做一些自我对话，搞清楚哪些诱因或障碍是我没有计划到的

终极目标：	
理由	社会目标

行动
1.
2.
3.

支持体系	我的资源

优势力量	奖励

想象中的改变

阻碍
1.
2.
3.

重回正轨
1.
2.
3.

15.6：监控前进的每一步

为自己的每一项进展都做好记录，最好每周至少记录一次。在这里，为自己截至目前的表现打个分吧。可以使用下面这样的形式，也可以用它来记录你的想法。

1. 我始终如一地努力着。

   始终没有　　有时　　相当一段时间　　大多数时间　　始终有

2. 我在处理挫折。

   始终没有　　有时　　相当一段时间　　大多数时间　　始终有

3. 我在利用我的支持体系。

   始终没有　　有时　　相当一段时间　　大多数时间　　始终有

4. 我在发展我的社群圈子，并参与社群活动。

   始终没有　　有时　　相当一段时间　　大多数时间　　始终有

5. 我在利用应对技巧来确保不偏离正轨。

   始终没有　　有时　　相当一段时间　　大多数时间　　始终有

反思一下自己的评分，以及计划的开展情况。截至目前，哪些方面运转良好？

到目前为止，从那些已经注意到你在努力的人那里，你都得到过哪些称赞？

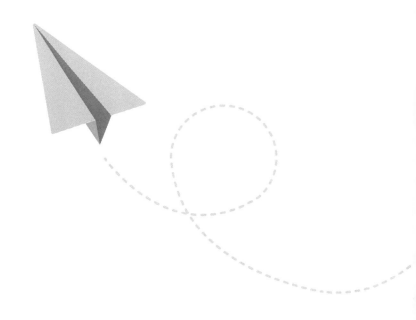

应对挫折，调整计划

达成目标的旅途往往不会一帆风顺，在执行计划时遇到麻烦是很正常的。调整计划，重回正轨才是最重要的。

16.1：应对挫折：重新承诺

根据自己的具体计划，从中选出两条应对技巧，在下面写出你打算如何利用它们来帮助自己重回正轨。

重新对目标做出 承诺 / 重新开始	接触那些正面 的支持力量	重设 时间表
每天采取 一个行动	能笑 就笑	原谅 自己

16.2：应对挫折：检查你的压力指数

让我们面对现实吧：压力能让任何人脱离正轨。在第二步，你评估了自己的压力水平，并找到了应对的手段。当你经历挫折或感到自己想要放弃时，请拿出些时间来重新检视一下自己的压力水平和应对策略吧。

你现在的压力水平是多少？请圈出目前最符合实际的评分。

5 = 我一天到晚无时无刻不在想着这个压力源。

4 = 我一天当中时不时会想起这个压力源。

3 = 我会想到这个压力源，但它不会扰乱我的日常生活。

2 = 我有时会想到这个压力源，但我对自己的应对能力还是有信心的。

1 = 我一个星期当中偶尔会想到这个压力源，但我非常自信能成功
　　地进行应对。

你可以利用下列哪些应对策略呢？凡是适用的都请勾选出来。

问题导向型	情绪导向型
□ 采取行动	□ 保持忙碌
□ 寻求帮助	□ 冥想和祈祷
□ 分配时间	□ 诉诸文字
□ 其他：	□ 重新评估问题
	□ 把问题说出来
	□ 其他：

请描述一下你将如何使用上述技巧来减轻自己的压力水平。

<hr />
<hr />
<hr />
<hr />
<hr />

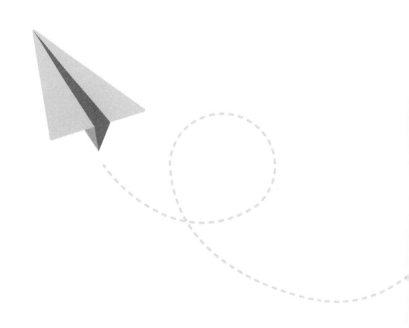

16.3：应对挫折：自我关爱

　　经历挫折或倒退时，一定要选择原谅自己。因为不够完美而打压自己，丝毫无益于接近目标，只会伤害你的士气。相反，你要努力从心理、身体、情绪、精神、人际关系和工作活动等多方面进行自我关爱。拿出些时间来关怀自己，能让你恢复到积极的正能量状态中，进而重新专注地投入到计划的实施当中。

　　请看看下面这份改编自莉萨·D. 巴特勒（Lisa D. Bulter）的文章《创建你的自我关爱计划》的清单，从中选出你愿意尝试或增加频次从而改善自我关爱质量的选项。

<table>
<tr><td align="center">**身体**</td><td align="center">**精神**</td></tr>
<tr><td>☐ 改善饮食习惯</td><td>☐ 多亲近大自然</td></tr>
<tr><td>☐ 锻炼</td><td>☐ 敞开心胸迎接启迪</td></tr>
<tr><td>☐ 处理好医疗问题</td><td>☐ 对未知保持开放心态</td></tr>
<tr><td>☐ 按摩</td><td>☐ 祈祷</td></tr>
<tr><td>☐ 保证充足的睡眠</td><td>☐ 冥想</td></tr>
<tr><td>☐ 其他：＿＿＿＿＿＿</td><td>☐ 唱歌</td></tr>
<tr><td>☐ 其他：＿＿＿＿＿＿</td><td>☐ 寻找精神上契合的人或小组</td></tr>
<tr><td></td><td>☐ 其他：＿＿＿＿＿＿</td></tr>
<tr><td></td><td>☐ 其他：＿＿＿＿＿＿</td></tr>
</table>

心理 / 情绪

☐ 找时间做一些自我反思

☐ 关注自己的内心体验（想法、信仰、态度、感受等）

☐ 记日志

☐ 阅读

☐ 对不想做的事情说"不"

☐ 读自己的自我肯定宣言

☐ 允许自己哭

☐ 找一些能让自己笑的事物

☐ 通过社会活动、信件、捐赠、信息等形式来进行自我表达

☐ 其他：

☐ 其他：

人际关系

☐ 和所爱的人安排一些定期的约会或活动

☐ 给外地的亲戚们打打电话

☐ 和宠物相处

☐ 扩大自己的社交圈子

☐ 允许别人帮助我

☐ 其他：

☐ 其他：

16.4：改变你的计划

　　计划是可以改变的。始终坚持对计划进行评估并做出改正，这也是帮助你保持专注于目标的一种方法。情境会变，当务之急也会发生改变，新的想法也会产生。无论出于什么原因，你都可以改变自己的计划，既可以全部推倒重来，又可以只做部分变动，使其更有意义。怎么变都可以，而且不管怎么样，都不意味着你对目标的投入有丝毫的削弱。

　　对计划的重新评估，可以参见练习15.6。通过分析自己的答案，你可以看清楚哪些在起作用，哪些是无效的，借助于这些信息，便可以对你的行动计划做出调整。

最后的话

你已走上自己的路！

你做到了！经过了这么多的思考、准备和规划，你终于一步步走到了今天！而且只要继续专注于自己的终极目标，你还可以走得更远！

你的目标可能始终一致，但通往目标之路却可能经历一些意料之外的波折。这是很正常的。你随时都可以再次打开本书，重温不同的内容，这将尽你所需地帮助你反思自己的计划。如果终极目标看上去在发生变化，那就回到第一步、第二步去修正自己的愿望，调整对你来说重要的事情。如果你能坚持目标，但在执行行动计划时遇到了麻烦，那就复习一下第三步吧。

想让自己时刻保持动力，是没有捷径可走的。没有哪个顾问、心理咨询师、心理学家或社会工作者有能力保障你始终不偏离正轨。这一切都取决于你。但是我可以向你保证，只要你尽全力找到并提炼出一个行之有效的计划，就一定可以得到收获。重点在于坚持不懈。别松劲，加油干，无论是从本书中学到的不同技巧，还是你自己搜索到的积极信息，都要坚持不断尝试。

要记住，求助并不可耻。无论本书中有多少练习你已经完成或未能完成，无论你已和支持体系中的多少人交谈过，寻找一名执业的心理咨询师都能帮助你处理那些会对目标构成障碍的问题。如果你不介意，可以向朋友或同事寻求建议，记得要找那些在处理你所面临的问题方面有经验的人。着手改变自己，永远都没有时机不对这一说，寻求帮助也一样。

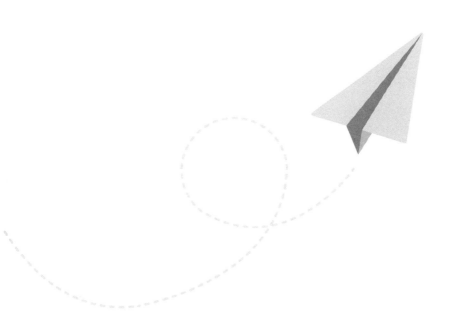

参考文献

Alexander, Ronald. "5 Steps to Make Affirmations Work for You." *Psychology Today*. Last modified August 15, 2011. Psychologytoday.com/us/blog/the-wise-open-mind/201108/5-steps-make-affirmations-work-you.

Belanger, Lydia. "The 10 Things You Must Do to Achieve Your Goals." *Entrepreneur.com*. Last modified January 27, 2017. Entrepreneur.com/article/287697.

Bernard, Michael E., and Janet L. Wolfe, eds. *The REBT Resource Book for Practitioners*. New York: Albert Ellis Institute, 2000.

Butler, Lisa D. "Developing Your Self-Care Plan." University at Buffalo School of Social Work. Accessed April 14, 2020. Socialwork.buffalo.edu/resources/self-care-starter-kit/developing-your-self-care-plan.html.

Dweck, Carol. S. *Mindset: The New Psychology of Success*. New York: Ballantine Books, 2007.

Gobin, Robyn L. *The Self-Care Prescription: Powerful Solutions to Manage Stress, Reduce Anxiety and Increase Well-Being*. Emeryville, CA: Althea Press, 2019.

James, Geoffrey. *"How to Cope With Setbacks." Inc.* Last modified June 7, 2013. Inc.com/geoffrey-james/how-to-cope-with-setbacks.html.

Markway, Barbara, and Celia Ampel. *The Self-Confidence Workbook: A Guide to Overcoming Self-Doubt and Improving Self-Esteem*. Emeryville, CA: Althea Press, 2018.

Miller, W. R., J. C'de Baca, D. B. Matthews, and P. L. Wilbourne. "Personal Values Cards." University of New Mexico, 2001. Motivationalinterviewing.org/sites/default/files/valuescardsort_0.pdf.

Miller, William. R., and Stephen Rollnick. *Motivational Interviewing: Helping People Change*. 3rd ed. New York: Guilford Press, 2013.

Mindtools.com. "Smart Goals: How to Make Your Goals Achievable." Accessed April 14, 2020. Mindtools.com/pages/article/smart-goals.htm.

Smart-Goals-Guide.com. "Why Is Goal Setting Important?" Accessed April 14, 2020. Smart-goals-guide.com/why-is-goal-setting-important.html.

致　谢

我想感谢我的丈夫拉尔夫，三十多年来他一直是我的磐石和支柱。他总是推动我朝着正确的方向前进，有时他比我自己还要相信我。我还要感谢我的女儿，她对我这个终日忙碌的妈妈总是十分耐心。有了她，我的生活才更完整。接下来，我想感谢生命中相信过我的每一个人。允许我讲述其故事的老朋友凯拉，给予我道义支持的社会工作领域的朋友和同人们，还有启发了我许多例子的母亲和兄弟。最后，我要感谢斯蒂芬妮和阿泽尔博士，是他们在 2003 年给我机会，让我以研究助理的身份参与了一项由大型联邦拨款支持的动机访谈研究项目。正是通过那次的学习和研究，我了解了动机访谈培训师网，并最终在 2016 年被吸收为该组织的一员。对我来说，那是一件改变人生的大事。希望这本书也能如此！

高效学习

《刻意练习：如何从新手到大师》

作者：[美]安德斯·艾利克森 罗伯特·普尔 译者：王正林

销量达200万册！
杰出不是一种天赋，而是一种人人都可以学会的技巧
科学研究发现的强大学习法，成为任何领域杰出人物的黄金法则

《学习之道》

作者：[美]芭芭拉·奥克利 译者：教育无边界字幕组

科学学习入门的经典作品，是一本真正面向大众、指导实践并且科学可信的学习方法手册。作者芭芭拉本科专业（居然）是俄语。从小学到高中数理成绩一路垫底，为了应付职场生活，不得不自主学习大量新鲜知识，甚至是让人头疼的数学知识。放下工作，回到学校，竟然成为工程学博士，后留校任教授

《如何高效学习》

作者：[加]斯科特·扬 译者：程冕

如何花费更少时间学到更多知识？因高效学习而成名的"学神"斯科特·扬，曾10天搞定线性代数，1年学完MIT 4年33门课程。掌握书中的"整体性学习法"，你也将成为超级学霸

《科学学习：斯坦福黄金学习法则》

作者：[美]丹尼尔·L.施瓦茨 等 译者：郭曼文

学习新境界，人生新高度。源自斯坦福大学广受欢迎的经典学习课。斯坦福教育学院院长、学习科学专家力作；精选26种黄金学习法则，有效解决任何学习问题

《学会如何学习》

作者：[美]芭芭拉·奥克利 等 译者：汪幼枫

畅销书《学习之道》青少年版；芭芭拉·奥克利博士揭示如何科学使用大脑，高效学习，让"学渣"秒变"学霸"体质，随书赠思维导图；北京考试报特约专家郭俊彬博士、少年商学院联合创始人Evan、秋叶、孙思远、彭小六、陈章鱼诚意推荐

更多>>>　《如何高效记忆》 作者：[美]肯尼思·希格比 译者：余彬晶
《练习的心态：如何培养耐心、专注和自律》 作者：[美]托马斯·M.斯特纳 译者：王正林
《超级学霸：受用终身的速效学习法》 作者：[挪威]奥拉夫·舍韦 译者：李文婷

逻辑思维

《学会提问（原书第12版）》

作者：[美] 尼尔·布朗 斯图尔特·基利 译者：许蔚翰 吴礼敬

批判性思维入门经典，授人以渔的智慧之书，豆瓣万人评价8.3高分。独立思考的起点，拒绝沦为思想的木偶，拒绝盲从随大流，防骗防杠防偏见。新版随书赠手绘思维导图、70页读书笔记PPT

《批判性思维（原书第12版）》

作者：[美] 布鲁克·诺埃尔·摩尔 理查德·帕克 译者：朱素梅

10天改变你的思考方式！备受优秀大学生欢迎的思维训练教科书，连续12次再版。教你如何正确思考与决策，避开"21种思维谬误"。语言通俗、生动，批判性思维领域经典之作

《批判性思维工具（原书第3版）》

作者：[美] 理查德·保罗 琳达·埃尔德 译者：侯玉波 姜佟琳 等

风靡美国50年的思维方法，批判性思维权威大师之作。耶鲁、牛津、斯坦福等世界名校最重视的人才培养目标，华为、小米、腾讯等创新型企业最看重的能力——批判性思维！有内涵的思维训练书，美国超过300所高校采用！学校教育不会教你的批判性思维方法，打开心智，提早具备未来创新人才的核心竞争力

《说服的艺术》

作者：[美] 杰伊·海因里希斯 译者：闫佳

不论是辩论、演讲、写作、推销、谈判、与他人分享观点，还是更好地从一些似是而非的论点中分辨出真相，你需要学会说服的技能！作家杰伊·海因里希斯认为：很多时候，你和对方在口舌上争执不休，只是为了赢过对方，证明"你对，他错"。但这不叫说服，叫"吵架"。真正的说服，是关于让人同意的能力以及如何让人心甘情愿地按你的意愿行事

《逻辑思维简易入门（原书第2版）》

作者：[美] 加里·西伊 苏珊娜·努切泰利 译者：廖备水 等

逻辑思维是处理日常生活中难题的能力！简明有趣的逻辑思维入门读物，分析生活中常见的非形式谬误，掌握它，不仅思维更理性，决策更优质，还能识破他人的谎言和诡计

更多>>> 《有毒的逻辑：为何有说服力的话反而不可信》 作者：[美] 罗伯特 J.古拉 译者：邹东
《学会提问（原书第12版·中英文对照学习版）》 作者：[美] 尼尔·布朗 斯图尔特·基利
译者：许蔚翰 吴礼敬

习惯与改变

《如何达成目标》

作者：[美] 海蒂·格兰特·霍尔沃森 译者：王正林

社会心理学家海蒂·霍尔沃森又一力作，郝景芳、姬十三、阳志平、彭小六、邻三月、战隼、章鱼读书、远读重洋推荐，精选数百个国际心理学研究案例，手把手教你克服拖延，提升自制力，高效达成目标

《坚毅：培养热情、毅力和设立目标的实用方法》

作者：[美] 卡洛琳·亚当斯·米勒 译者：王正林

你与获得成功之间还差一本《坚毅》；《刻意练习》的伴侣与实操手册；坚毅让你拒绝平庸，勇敢地跨出舒适区，不再犹豫和恐惧

《超效率手册：99个史上更全面的时间管理技巧》

作者：[加] 斯科特·扬 译者：李云

经营着世界访问量巨大的学习类博客
1年学习MIT4年33门课程
继《如何高效学习》之后，作者应万千网友留言要求而创作
超全面效率提升手册

《专注力：化繁为简的惊人力量》

作者：[美] 于尔根·沃尔夫 译者：朱曼

写给"被催一族"简明的自我管理书！即刻将注意力集中于你重要的目标。生命有限，不要将时间浪费在重复他人的生活上，活出心底真正渴望的人生

《驯服你的脑中野兽：提高专注力的45个超实用技巧》

作者：[日] 铃木祐 译者：孙颖

你正被缺乏专注力、学习工作低效率所困扰吗？其根源在于我们脑中藏着一头好动的"野兽"。45个实用方法，唤醒你沉睡的专注力，激发400%工作效能

更多>>>

《深度转变：让改变真正发生的7种语言》 作者：[美] 罗伯特·凯根 等 译者：吴瑞林 等
《早起魔法》 作者：[美] 杰夫·桑德斯 译者：雍寅
《如何改变习惯：手把手教你用30天计划法改变95%的习惯》 作者：[加] 斯科特·扬 译者：田岚